技工院校一体化课程教学改革数控加工专业教材

数控铣床编程与模拟加工

人力资源和社会保障部教材办公室组织编写

中国劳动社会保障出版社

内容简介

本书主要内容包括单线体文字编程与模拟加工、凸台编程与模拟加工、内腔零件编程与模拟加工、孔类零件编程与模拟加工、凸轮编程与模拟加工五个学习任务。

图书在版编目(CIP)数据

数控铣床编程与模拟加工/人力资源和社会保障部教材办公室组织编写. —北京：中国劳动社会保障出版社，2013

技工院校一体化课程教学改革数控加工专业教材

ISBN 978-7-5167-0254-3

Ⅰ.①数… Ⅱ.①人… Ⅲ.①数控机床-铣床-程序-设计-技工学校-教材②数控机床-铣床-加工工艺-技工学校-教材 Ⅳ.①TG547

中国版本图书馆 CIP 数据核字(2013)第 021007 号

中国劳动社会保障出版社出版发行

(北京市惠新东街 1 号 邮政编码：100029)

出 版 人：张梦欣

*

北京市艺辉印刷有限公司印刷装订 新华书店经销

787 毫米×1092 毫米 16 开本 8.5 印张 139 千字

2013 年 1 月第 1 版 2023 年12月第11次印刷

定价：39.00 元

营销中心电话：400-606-6496

出版社网址：http://www.class.com.cn

http://jg.class.com.cn

技工院校一体化课程教学改革教材编委会名单

序

人才是我国经济社会发展的第一资源，技能人才是人才队伍的重要组成部分。党中央、国务院高度重视技能人才队伍建设工作，2009 年 12 月，胡锦涛总书记在视察珠海市高级技工学校时指出："没有一流的技工，就没有一流的产品"、"技能型人才在推进自主创新方面具有不可替代的重要作用"。技工院校是系统培养技能人才的重要基地。多年来，技工院校始终紧紧围绕国家经济发展和劳动者就业，以满足经济发展和企业对技术工人的需求为办学宗旨，形成了鲜明的办学特色，为国家培养了大批生产一线技能劳动者和后备高技能人才。

当前，我国处于全面建设小康社会的关键时期，随着加快转变经济发展方式、推进经济结构调整以及大力发展高端制造产业等新兴战略性产业，迫切需要加快培养一大批具有精湛技能和高超技艺的技能人才。为了遵循技能人才成长规律，切实提高培养质量，进一步发挥技工院校在技能人才培养中的基础作用，从 2009 年开始，我部借鉴国内外职业教育先进经验，在全国 17 个省（区、市）的 30 所技工院校启动了一体化课程教学改革试点工作，推进以职业活动为导向，以校企合作为基础，以综合职业能力培养为核心，理论教学与技能操作融合贯通的一体化课程教学改革。这项改革试点将传统的以学历为基础的职业教育转变为以职业技能为基础的职业能力教育，促进了职业教育从知识教育向能力培养转变，努力实现"教、学、做"融为一体，收到了积极成效。改革试点得到了学校师生的充分认可，普遍反映一体化课程教学改革是技工院校一次"教学革命"，学生的学习热情、教学组织形式、教学手段和学生的综合素质都发生了根本性变化。试点的成果表明，一体化课程教学改革是转变技能人才培养模式的重要抓手，是推动技工院校改革发展的重要举措，也是人力资源社会保障部门加强技工教育和在职业培训工作的一个重点项目。

教学改革的成果最终要以教材为载体进行体现和传播。根据我部推进一体化课程教学改革的要求，一体化课程改革专家、几百位试点院校的骨干教师以及中国人力资源和社会保障出版集团的编辑团队，用了三年多的时间，组织实施了一体化课程教学改革试点，并将试点中形成的课程成果进行了整理、提炼，汇编成“活页”教材。这套教材不仅在形式上打破了传统教材的编写模式，而且在内容上突破了传统教材的结构体例，在国内职业教育培训教材领域中均属首创。这套教材及配套资料的出版，不仅是本次一体化课程教学改革试点工作的阶段性总结，也是一体化课程教学改革不断深化和全面推广的一个起点。希望全国技工院校将一体化课程教学改革作为创新人才培养模式、提高人才培养质量的重要抓手，进一步推动教学改革，促进内涵发展，提升办学质量，为加快培养合格的技能人才作出新的更大贡献！

人力资源和社会保障部副部长

王晓初

二〇一二年八月

活页式教材使用说明

◆ 页码编排方式

为了更加方便地在教材中增删和替换内容，页码采用“学习任务编号－学习活动编号－页码号”三级编排形式，如“3–2–4”表示“学习任务三”的“学习活动 2”的第 4 页。

◆ 过程评价表使用方法

教材中设计了“自评表”、“互评表”、“教师总评表”、“综合评价表”等评价表格，表头上有“班级”、“姓名”、“学号”等信息栏，从活页教材中取出评价表填写后可以单独提交。

◆ 教材内容更新方法

中国人力资源和社会保障出版集团将根据一体化课程教学改革的推进以及科学技术的发展和不同地域的需要，不断补充和更新教材中的学习任务和学习活动，学校可以从“技工院校一体化教学资源网（http：//yth.cott.org.cn）”下载（需在网站注册）。通过网站还可以了解到更多的一体化课程教学改革信息和下载相关资源。

◆ 便携式活页夹和 PVC 保护板使用方法

使用教材中附赠的便携式活页夹，可以灵活方便地将教材中部分内容携带至一体化教学场地。教材内附的整张 PVC 保护板可以作为学习记录垫板使用。

◆ 参考用书选用方法

在学习过程中，学生需要查阅大量参考资料，下表为中国人力资源和社会保障出版集团出版的适宜本专业一体化教学使用的参考书目录。

机床切削加工／数控加工专业一体化教学参考书目录（中级阶段）

序号	书号	书名
1	978-7-5045-9709-0	机械制图（少学时）（双色印刷）
2	978-7-5045-9690-1	机械基础（少学时）（双色印刷）
3	978-7-5045-9677-2	金属材料与热处理（少学时）（双色印刷）
4	978-7-5045-9717-5	极限配合与技术测量基础（少学时）（双色印刷）
5	978-7-5045-9689-5	机械制造工艺基础（少学时）（双色印刷）
6	978-7-5045-9713-7	工程力学（少学时）（双色印刷）
7	978-7-5045-9668-0	电工学（少学时）（双色印刷）
8	978-7-5045-8689-6	车工工艺与技能　学生用书Ⅱ　基础知识
9	978-7-5045-9159-3	铣工工艺与技能　学生用书Ⅱ　基础知识
10	978-7-5045-9128-9	数控加工工艺学（第三版）
11	978-7-5045-9097-8	数控机床编程与操作（第三版　数控车床分册）
12	978-7-5045-9112-8	数控机床编程与操作 （第三版　数控铣床　加工中心分册）

目　　录

学习任务一　单线体文字编程与模拟加工

学习目标

1. 能遵守机房各项管理规定，并规范使用计算机。
2. 能应用三角函数知识计算零件图样中的基点坐标。
3. 能根据单线体文字零件图样合理选择切削用量。
4. 能应用笛卡儿直角坐标系判别数控铣床的各控制轴及方向。
5. 能叙述工件坐标系与机床坐标系的关系，并能正确建立工件坐标系。
6. 能正确编制单线体文字加工工艺卡片，并绘制刀具路径图。
7. 能正确运用编程指令，按照程序格式要求编制加工程序。
8. 能熟练应用仿真软件各项功能，模拟数控铣床操作，完成单线体文字零件模拟加工。
9. 能根据模拟仿真结果完善程序。
10. 能积极展示学习成果，通过小组讨论总结和反思学习活动，以提高学习效率。

建议学时

16 学时。

工作情景描述

某机床公司因举办展示会活动需要制作铝制“中国”“CHINA”的单线体文字刻章，工艺部门要求新入职操作工在2天时间内完成试切件的模拟加工。在此过程中，新入职操作工需要分析图样、制定工艺与编制程序、到机房学习有关管理规定、熟悉机床基本操作技能、调试好零件的加工程序，并通过模拟切削检验有关工艺与程序，以确定是否能加工出符合要求的刻章。

零件图样（图1—0—1）：

工作流程与活动

学习活动1：分析图样（3学时）

学习活动2：工艺准备与程序编制（5学时）

学习活动3：模拟加工（6学时）

学习活动4：成果展示与总结评价（2学时）

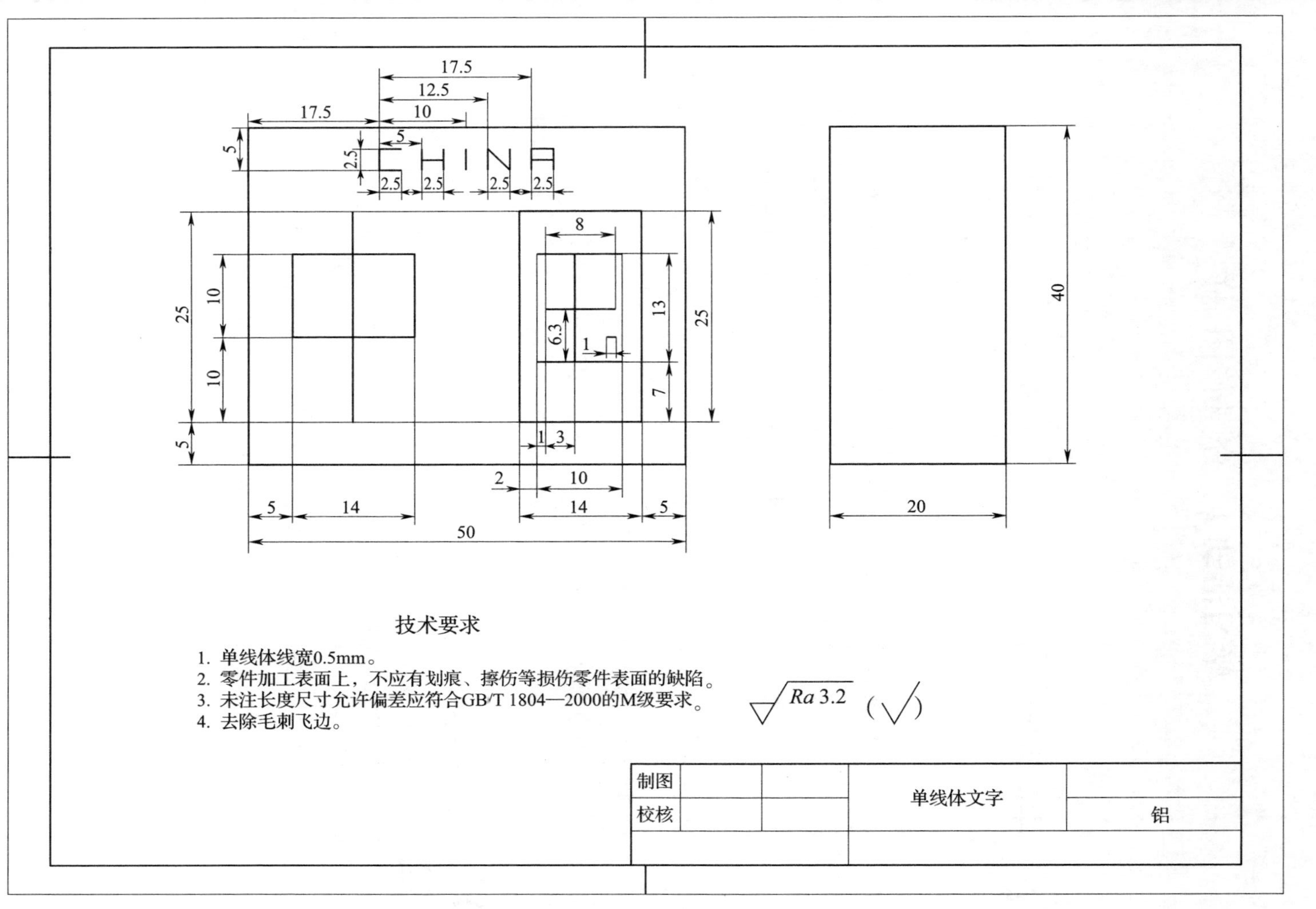

图1—0—1　单线体文字零件图样

学习活动1　分 析 图 样

学习目标

- 能通过识读图样，获取图样中的工艺要求等信息。
- 能应用三角函数知识计算零件图样中的基点坐标。
- 能应用笛卡儿直角坐标系判别数控铣床的各控制轴及方向。
- 能叙述工件坐标系与机床坐标系的关系，并能正确建立工件坐标系。

建议学时：3 学时

学习过程

一、接受任务

听教师描述本次模拟加工任务，观看数控铣床加工视频，参考如图 1—1—1 所示数控铣削加工零件实物，从以下两方面谈谈你对数控铣削加工的认识。

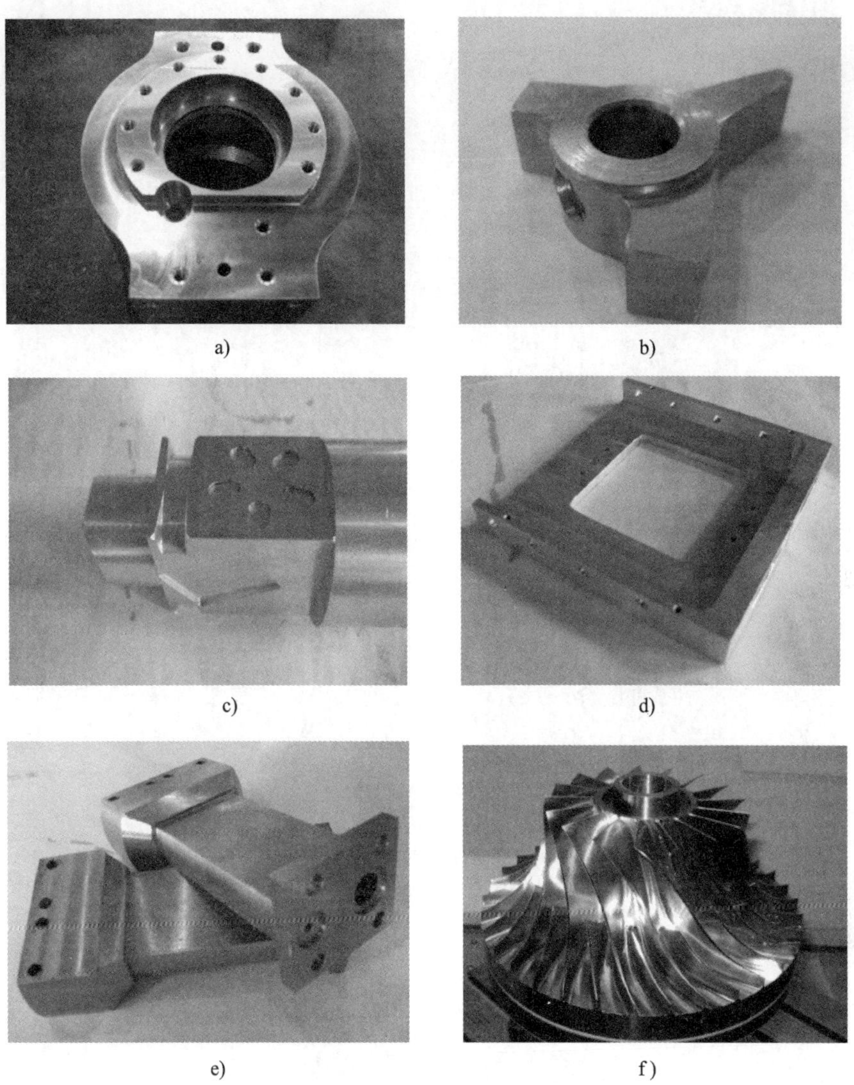

图 1—1—1　数控铣削加工零件

(1) 数控铣削适合加工的零件类型有哪些?

(2) 数控铣削采用刀具的主要类型及其适用场合是什么?

二、识读图样

1. 看图 1—0—1、图 1—1—2 并判断这些零件的功能是什么并说明刻字加工的用途领域。

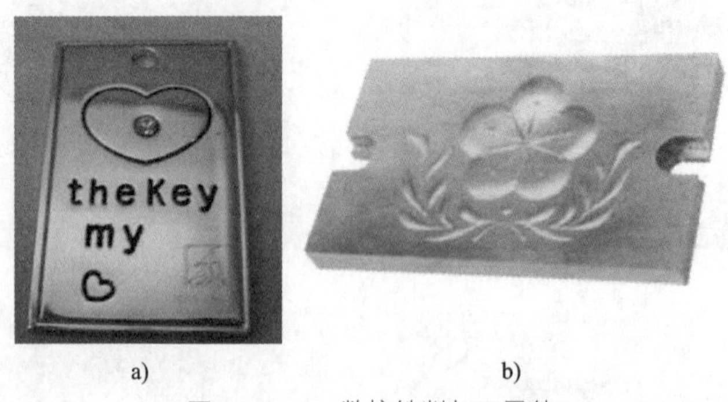

a) b)

图 1—1—2 数控铣削加工零件

2. 根据单线体文字零件的外形尺寸确定毛坯的大小，并在图 1—1—3 中绘制毛坯。

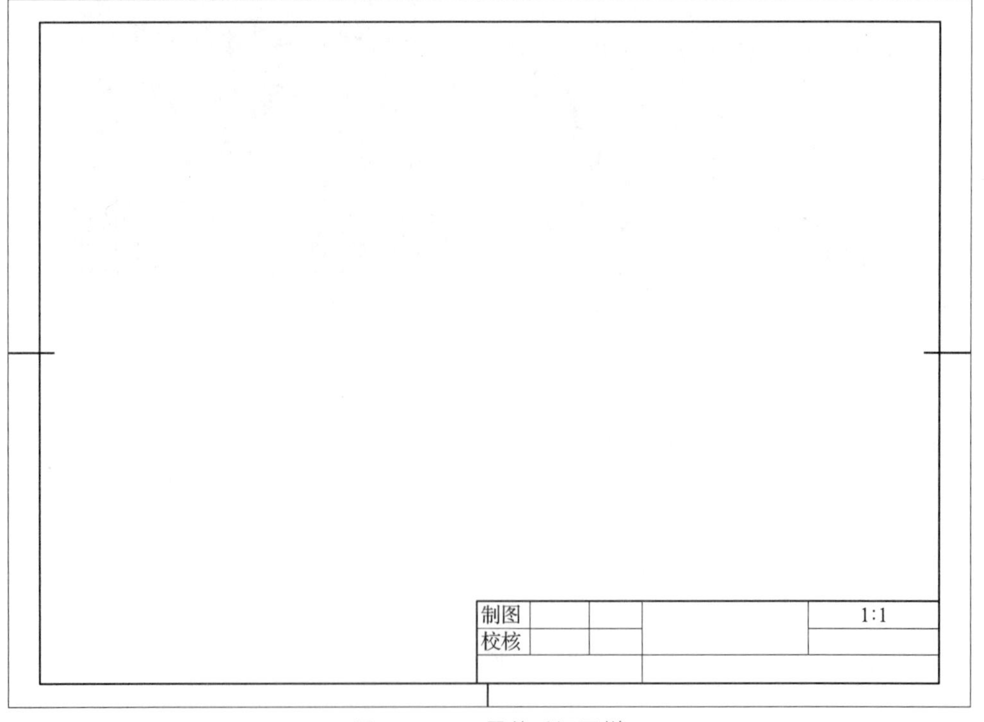

图 1—1—3 零件毛坯图样

3. 图样中的“国”字的字宽、字高分别是多少？与零件边缘的距离是多少？

4. 查阅国家标准，回答图样技术要求中的未注公差在《一般公差　未注公差的线性和角度尺寸的公差》（GB/T 1804—2000）中 M 级的具体要求是什么。

三、确定工件坐标系

1. 为了准确确定数控铣床上运动部件的移动方向，数控编程与操作离不开机床坐标系的建立。查阅资料，学习有关机床坐标系及坐标轴方向的内容，并回答有关问题。

（1）为了确定机床的运动方向、移动距离，就要在机床上建立一个坐标系，即机床坐标系。在编制程序时，就可以以该坐标系来规定刀具的运动方向和距离。数控机床坐标系采用符合右手定则规定的笛卡儿直角坐标系（图 1—1—4），其中三根手指对应轴的方向分别是什么。

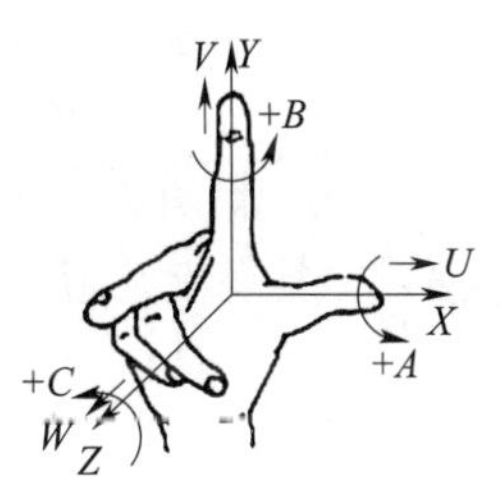

图 1—1—4　笛卡儿直角坐标系

1）大拇指指向：

2）食指指向：

3）中指指向：

（2）根据笛卡儿直角坐标系规定画出立式数控铣床（图 1—1—5）的 *Z* 轴与 *X* 轴、*Y* 轴方向。

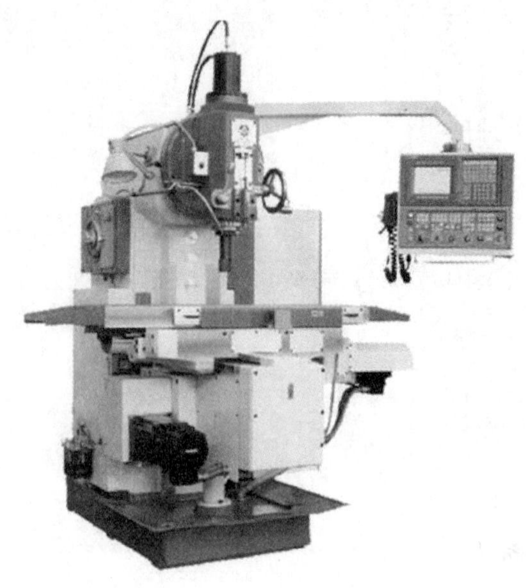

图 1—1—5　立式数控铣床

（3）根据笛卡儿直角坐标系规定画出卧式数控铣床（图 1—1—6）的 Z 轴与 X 轴、Y 轴方向。

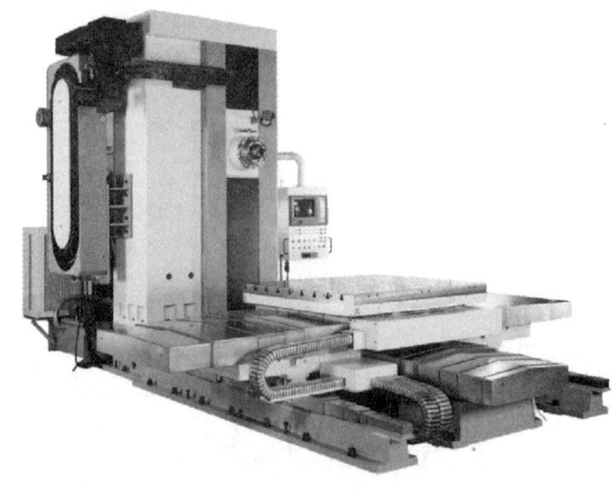

图 1—1—6　卧式数控铣床

（4）结合所学的仿真软件，说明软件中的数控铣床是立式还是卧式，并根据笛卡儿直角坐标系规定画出其 Z 轴与 X 轴、Y 轴方向。

2. 如图 1—1—7 所示，数控铣床的机床原点、机床参考点，对数控铣床编程与加工是十分重要的概念。在装有增量位置编码器的数控铣床开机时，必须先通过工作台、主轴返回参考点的操作确定机床原点。这样，通过确认参考点就确定了机床坐标系原点。只有机床坐标系原点被确认后，刀具（或工作台）移动才有基准。查阅资料回答以下问题。

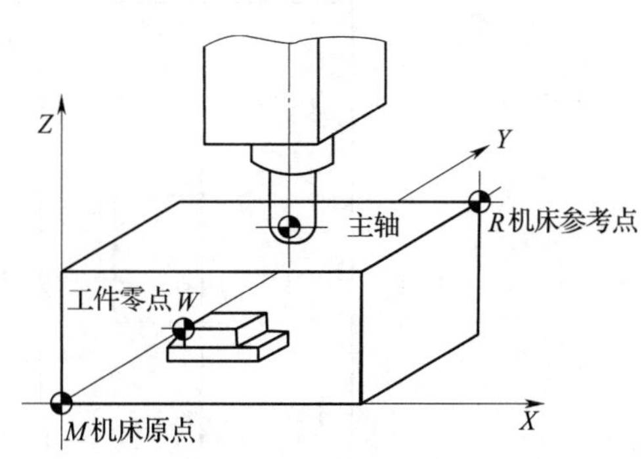

图 1—1—7　某数控铣床的机床原点与参考点位置

（1）机床原点的概念：

（2）机床参考点的概念：

（3）你所学的仿真软件在仿真加工前是否要先确定机床参考点？为什么？

3. 工件坐标系是固定于工件上的笛卡儿直角坐标系，是编程人员在编制程序时用来确定刀具和程序起点的，该坐标系的原点可由编程人员根据具体情况确定，但坐标轴的方向应与机床坐标系一致并且与之有确定的尺寸关系。通过学习，在图 1—1—8 中绘制单线体文字零件的工件坐标系。并回答：建立工件坐标系的目的是什么？不建立工件坐标系会出现什么后果?

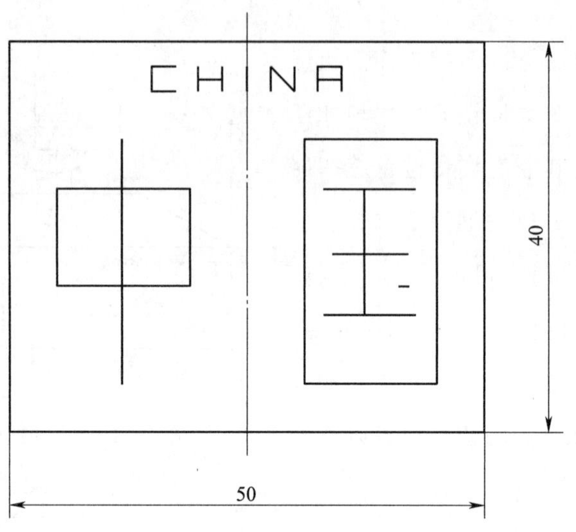

图 1—1—8　绘制工件坐标系

四、计算基点坐标

编程时需要知道每一个基点的坐标，如果工件坐标系原点设在工件的中心，确定本零件图形各基点的坐标。

（1）计算出图 1—1—9 中“中国”各点的坐标。已知条件有：各笔画的位置尺寸、大小尺寸、方块外形尺寸、工件坐标系原点。

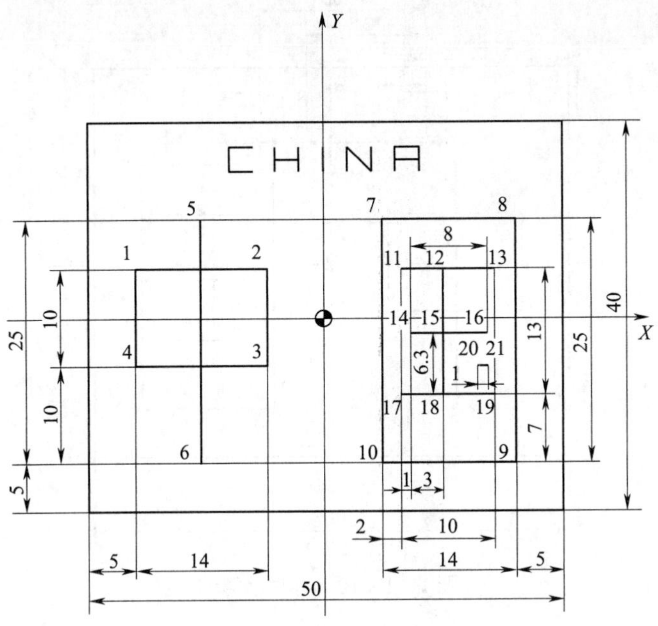

图 1—1—9　零件示意图

（2）计算出图 1—1—10 中英文字母“CHINA”各点的坐标。

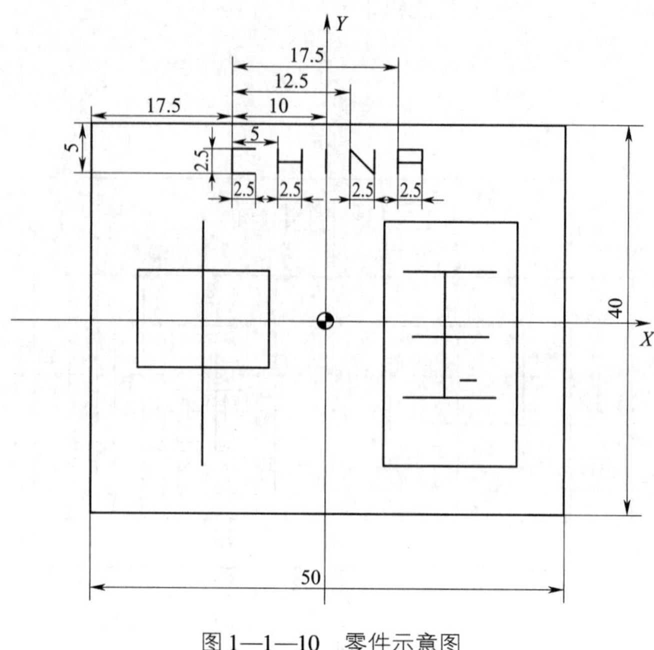

图 1—1—10　零件示意图

学习活动 2　工艺准备与程序编制

学习目标

- 能正确选择单线体文字零件加工夹具、刀具。
- 能合理安排单线体文字零件的加工顺序。
- 能正确填写单线体文字零件加工工艺卡片。
- 能绘制刀具路径图。
- 能正确运用编程指令，按照程序格式要求编制单线体文字零件的数控铣削加工程序。

建议学时：5 学时

学习过程

一、选择夹具

单线体文字零件加工的装夹方式是什么？为什么？

二、选择刀具

从图 1—2—1 中选择适合加工单线体文字零件的刀具，填入表 1—2—1。

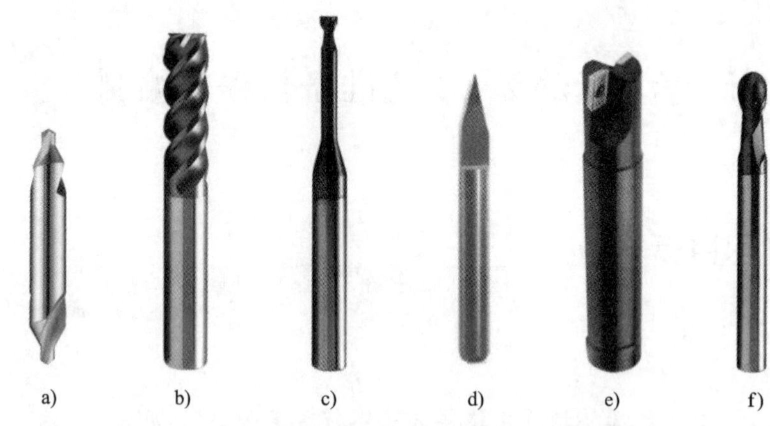

图 1—2—1 数控铣削加工刀具

表 1—2—1 刀具卡

序 号	刀具号	刀具名称	数 量	加工内容	刀具规格（直径，刃长，单位：mm）

三、制定工艺方案

1. 编写单线体文字零件加工工艺需要考虑哪些方面的问题？

2. 确定单线体文字零件的加工顺序并填写表 1—2—2 数控加工工艺卡片。

表 1—2—2 数控加工工艺卡

工步号	工步内容	刀具序号	刀具规格	主轴转速（r/min）	进给量（mm/min）	切削深度（mm）
1						
2						
3						

续表

工步号	工步内容	刀具序号	刀具规格	主轴转速（r/min）	进给量（mm/min）	切削深度（mm）
4						
5						
6						
7						
8						
9						
10						

四、编制程序

1．要完成单线体文字的模拟加工，首先要学会零件加工程序的编制。在了解程序的组成与格式的基础上，查阅资料学习编程指令的格式、应用场合。然后，结合单线体文字零件图样，判断在数控铣削加工中是否应用到这些指令。

（1）查阅资料学习编程指令，并填制表1—2—3。

表1—2—3　　数控铣削编程指令

序号	指令名称	图示	指令格式	应用场合
1	快速定位（移动）	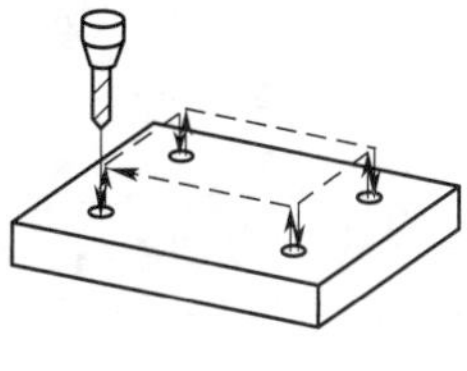		
2	直线插补（切削）	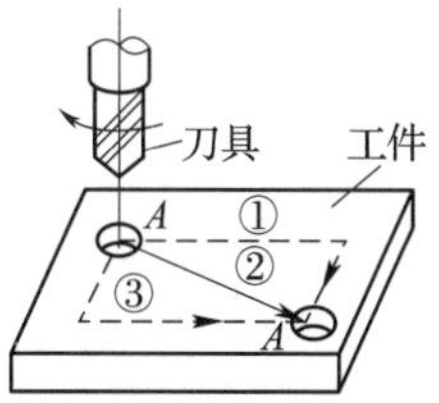		
3	圆弧插补	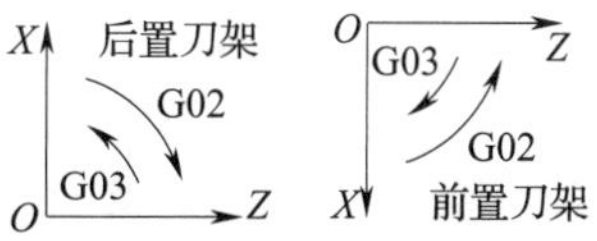		

(2) 根据以上指令的应用场合并结合零件图样，选择适合单线体文字模拟加工的指令，并说明理由，填入表 1—2—4。

表 1—2—4　单线体文字模拟加工选择的指令

序号	选择的指令	应用理由
1		
2		
3		
4		

2. 在零件的模拟加工过程中，需要依靠辅助指令才能完成机床或系统的开、关等辅助动作，如换刀、开停冷却泵、主轴正反转以及程序结束等。查阅资料，写出下列辅助编程指令的格式、应用场合，以及判断单线体文字模拟加工是否应用到这些指令。

(1) 查阅资料学习编程指令，并填制表 1—2—5。

表 1—2—5　数控铣削编程指令

序号	指令名称	指令格式	应用场合
1	程序暂停		
2	程序选择性暂停		
3	主轴正转		
4	主轴反转		

续表

序号	指令名称	指令格式	应用场合
5	主轴停止		
6	程序结束		
7	刀具指令		
8	主轴转速		
9	每分钟进给		
10	每转进给		

（2）根据以上指令的应用场合并结合零件图样，选择适合单线体文字模拟加工的指令，并说明理由，填入表 1—2—6。

表 1—2—6　　单线体文字模拟加工选择的指令

序号	选择的指令	应用理由
1		
2		
3		
4		

3．手工绘制零件加工刀具路径，包括下刀位置、起刀位置、切削路径等。

4．根据自己建立的工件坐标系和坐标点数值，以及正确的程序格式，在下列程序单（表 1—2—7 至表 1—2—9）中填写“中国”“CHINA”加工程序。

表 1—2—7　　“中”字加工程序

程序段号	程　　序	程序段号	程　　序

表 1—2—8　　“国”字加工程序

程序段号	程　　序	程序段号	程　　序

续表

程序段号	程　　序	程序段号	程　　序

表 1—2—9　"CHINA" 加工程序

程序段号	程　　序	程序段号	程　　序

学习活动3 模 拟 加 工

学习目标

- 能遵守机房各项管理规定，并规范使用计算机。
- 能查阅仿真软件的相关操作手册，使用仿真软件各菜单、功能按钮。
- 能利用仿真软件完成零件的装夹、刀具的选择、不同刀具的对刀等操作。
- 能利用仿真软件完成单线体文字零件的模拟加工并完善程序。

建议学时：6学时

学习过程

一、学习工作规范

1. 观看图1—3—1中几组对比照片，说说它们给课堂的气氛和机房的环境带来的不同效果。

a)

b)

c)

d)

e)

图 1—3—1　机房实景

2. 互动小游戏——两名同学在机房预先排演两个情景，其他同学判断这两名同学的做法有哪些不妥之处并说明其危害。

（1）第一名学生带着食品进入机房，边吃边操作计算机，吃完后将食品袋随意丢在桌子底下。

（2）第二名学生带着U盘和打火机进入机房，操作计算机时，将U盘与主机联接，并玩弄打火机。

3. 如果机房发生火灾应该怎么办？

4. 参考如图1—3—2所示的安全疏散示意图，制作本机房的安全疏散示意图，并进行安全疏散演习。

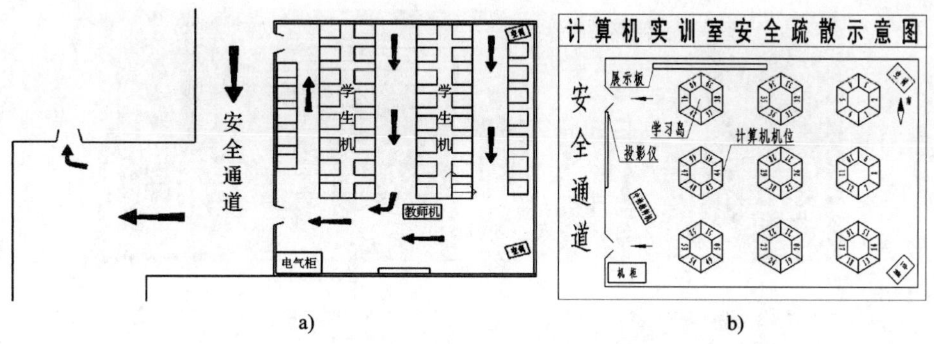

图 1—3—2　安全疏散示意图

5．写出数控铣床模拟加工安全操作注意事项，制作安全宣传海报并将海报的创意大纲记录下来。

6．在教师的指导下，对上述问题进行总结，参考如图 1—3—3 所呈现的信息，制定机房安全实习规定，保证机房实习的纪律与安全。

a) b) c) d) e) f)

图 1—3—3 仿真课堂实景

a）灭火器的位置 b）整洁的机房 c）上课前的队伍 d）进入机房的秩序
e）上课时的状态 f）教师指导时的情景

二、熟悉铣床仿真软件系统

1. 了解你所使用仿真软件的主要功能，并完成表 1—3—1 的填写。

表 1—3—1　　仿真软件的主要功能

组成	内容与功能
主菜单	（例如：有文件、显示、工具、选项、教学管理、帮助等内容，可以根据需要选择其中的某一个菜单条）
机床显示区	
机床显示工具条	
报警信息栏	
数控操作面板	

2. 按正确的操作顺序将仿真机床打开、返回参考点，记录操作过程。

3. 本学习任务的零件的上表面需要先使用端铣刀加工平整。使用仿真数控机床的手轮和进给按钮进行手动端面切削。按照下列提示操作，并记录操作过程。

（1）进入仿真刀库界面选择刀具，输入刀具参数。操作过程：

（2）进入仿真毛坯安装界面，设置毛坯材料大小、夹具，并进行装夹。操作过程：

（3）运用仿真机床系统中的 MDI 功能启动主轴。操作过程：

（4）模拟手动端铣工件上表面。

1）在模拟加工前，如何通过机床坐标系界面上显示的坐标数据，控制端铣刀的 Z 向深度？操作过程：

2）模拟加工时，参考如图 1—3—4 所示粗铣、精铣端面的刀具走刀路径，对零件上表面进行铣削。要求：铣削后的零件厚度为 20 mm，铣削时注意调节机床、手轮倍率大小，进给方向无误。操作过程：

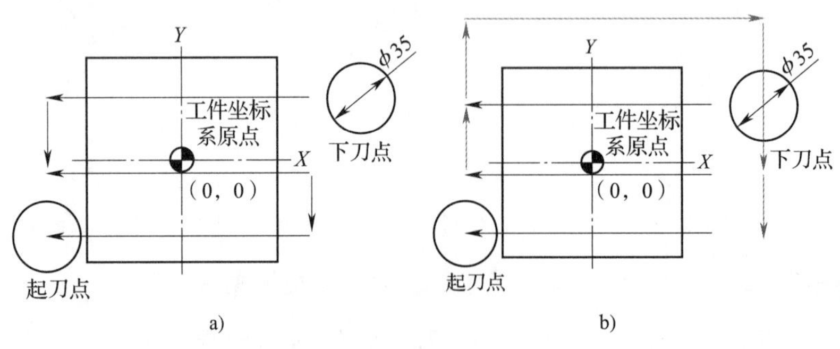

图 1—3—4　端铣刀具路径

a）粗铣刀具路径　b）精铣刀具路径

三、建立工件坐标系

1. 基准工具是指对刀时所使用的具有高精度尺寸的对刀杆、接触式对刀仪等工具，可连接刀柄并安装于主轴。安装仿真软件中的对刀基准工具，记录操作过程。

2. 建立 *Z* 向工件坐标系时，应该使用基准工具还是刀具？为什么？

3. 利用仿真软件中的基准工具，建立 *X* 向、*Y* 向工件坐标系，记录操作过程。

4. 对刀后的 MDI 程序校验指利用 MDI 功能进行手动单段编程，程序段指令内容为指定一个工件坐标点，运行后可校验刀具实际移动到的位置是否符合程序给定的坐标。在建立工件坐标系后，使用程序段将刀具移动到工件坐标系 X0Y0Z100 的位置，并对刀具的实际位置进行校验。记录操作过程。

四、模拟加工零件

1. 进入程序界面，输入程序并进行自动加工，观察加工路径是否符合图样要求。记录操作过程。

2. 根据加工轮廓形状判断加工程序的对错，并在小组讨论中修改零件程序，填入表1—3—2，以提高加工质量与效率。

表 1—3—2　　程序修改意见

序号	程序错误	修改意见
1		
2		
3		
4		

3. 假设模拟加工时出现加工深度不正确应如何处理?

4. 根据零件加工路径，估算零件加工时间（估算方法：总时间约为实际加工路径的总距离除以进给量，再加上装夹零件和刀具、编程、调整参数等辅助时间）。

五、模拟检验

1. 单线体文字零件上有哪些要素需要测量?

2. 通过仿真软件操作手册，了解模拟测量零件的方法。测量单线体文字的以下主要尺寸并记录结果。

（1）外形尺寸：长 50 mm、宽 40 mm、高 20 mm。

（2）“中、国”两字尺寸：高 25 mm、宽 14 mm、离工件底边与侧边边距 5 mm。

（3）“CHINA”的尺寸：高 2.5 mm、宽 2.5 mm、字母“C”左侧离零件侧边边距 17.5 mm、字母“C”底边离零件顶边边距5 mm。

3．检验零件加工精度，对不合格项目提出工艺方案修改意见，填入表1—3—3。

表1—3—3　　工艺修改方案

序号	不合格项目	修改意见
1		
2		
3		
4		

学习活动4　成果展示与总结评价

学习目标

- 能积极展示学习成果，在小组的讨论中总结和反思，提高学习效率。
- 能按仿真教室规定，整理现场，保持清洁的学习环境。

建议学时：2 学时

学习过程

一、个人总结

1. 你能否在规定时间内完成单线体文字零件的模拟加工？如果不能，其原因是什么？

2. 通过单线体文字零件的模拟加工你学到什么编程知识与加工技能？

（1）编程知识：

（2）加工技能：

3. 说说你在单线体文字零件模拟加工中存在什么不足？是什么原因导致的？下次如何避免？

二、小组总结与清扫

1. 通过零件截图、零件的加工录像等素材，以PPT的形式展示小组的工作成果（工艺与程序拟定的思路、加工重点与难点等），并将PPT的大纲记录下来。

2. 参照图1—4—1，检查工作场地，按6S管理要求清理打扫，将在清理打扫过程中发现的问题记录下来。

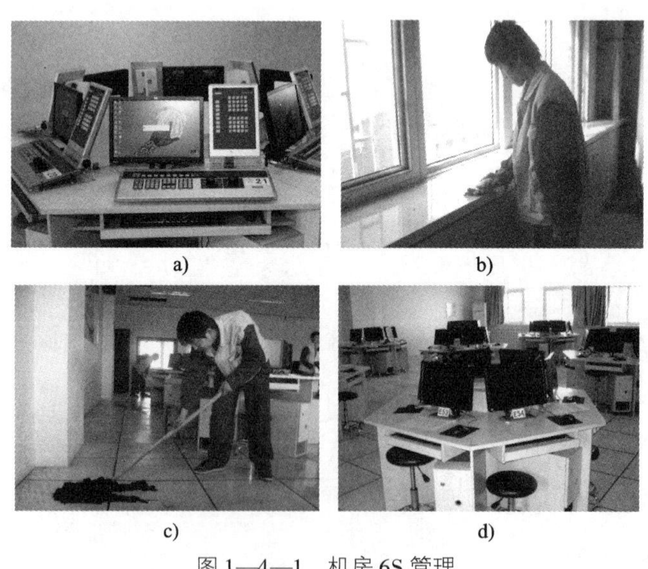

图1—4—1 机房6S管理

a）键盘、鼠标的位置 b）做好窗台卫生 c）清扫地面卫生

d）凳子的摆放，打扫后的机房效果

三、综合评价

完成综合评价表 1—4—1。

表 1—4—1　　综合评价表

班级__________学生姓名__________学　号__________

序号	项目	项目配分	子项	子项配分	表现结果	评分标准	得分	累计
1	纪律	25	迟到	5		违规不得分		
			溜号	5		违规不得分		
			早退	5		违规不得分		
			串岗	5		违规不得分		
			旷课	5		违规不得分		
2	仿真过程	30	程序规范正确	10		酌情扣分		
			仿真软件操作	5		熟练程度		
			回参考点	3		是否按要求		
			工件设置	2		方法是否掌握		
			对刀	5		方法是否掌握		
			程序输入	5		酌情扣分		
3	零件项目	40	50 mm	3		超差不得分		
			40 mm	3		超差不得分		
			20 mm	2		超差不得分		
			25 mm（2 处）	2		超差不得分		
			10 mm（3 处）	2		超差不得分		
			14 mm（2 处）	2		超差不得分		
			1 mm（2 处）	2		超差不得分		
			2 mm	2		超差不得分		
			3 mm	2		超差不得分		
			5 mm（3 处）	2		超差不得分		
			6.3 mm	2		超差不得分		
			13 mm	2		超差不得分		
			7 mm	2		超差不得分		
			8 mm	2		超差不得分		
			5 mm（2 处）	2		超差不得分		
			17.5 mm（2 处）	2		超差不得分		
			10 mm	2		超差不得分		

续表

序号	项目	项目配分	子项	子项配分	表现结果	评分标准	得分	累计
3	零件项目	40	12.5 mm	2		超差不得分		
			2.5 mm（5处）	2		超差不得分		
4	6S	5	按6S管理要求酌情扣分					
5	总分	100						

任课教师：　　　　　年　　月　　日

学习任务二　凸台编程与模拟加工

学习目标

1. 能遵守机房各项管理规定，并规范使用计算机。
2. 能应用三角函数知识计算凸台零件图样中的基点坐标。
3. 能正确编制凸台零件加工工艺卡片，并绘制刀具路径图。
4. 能正确运用编程指令，按照程序格式要求编制加工程序。
5. 能熟练应用仿真软件各项功能，模拟数控铣床操作，完成凸台零件模拟加工。
6. 能根据模拟仿真结果完善程序。
7. 能积极展示学习成果，通过小组讨论总结和反思学习活动，以提高学习效率。

建议学时

16 学时。

工作情景描述

某企业有一批材料为 LY12 的铝制六边形凸台需要加工，要求在 2 天内将首件试切合格并交付委托企业。车间主任接到上级安排后，组织操作员独立完成试切件的图样分析、刀夹具选择、工艺制定、程序编制调试、模拟加工等任务，以确定是否能加工出符合要求的凸台。

零件图样（图 2—0—1）：

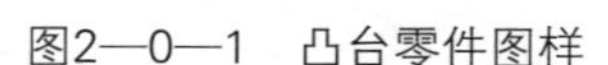

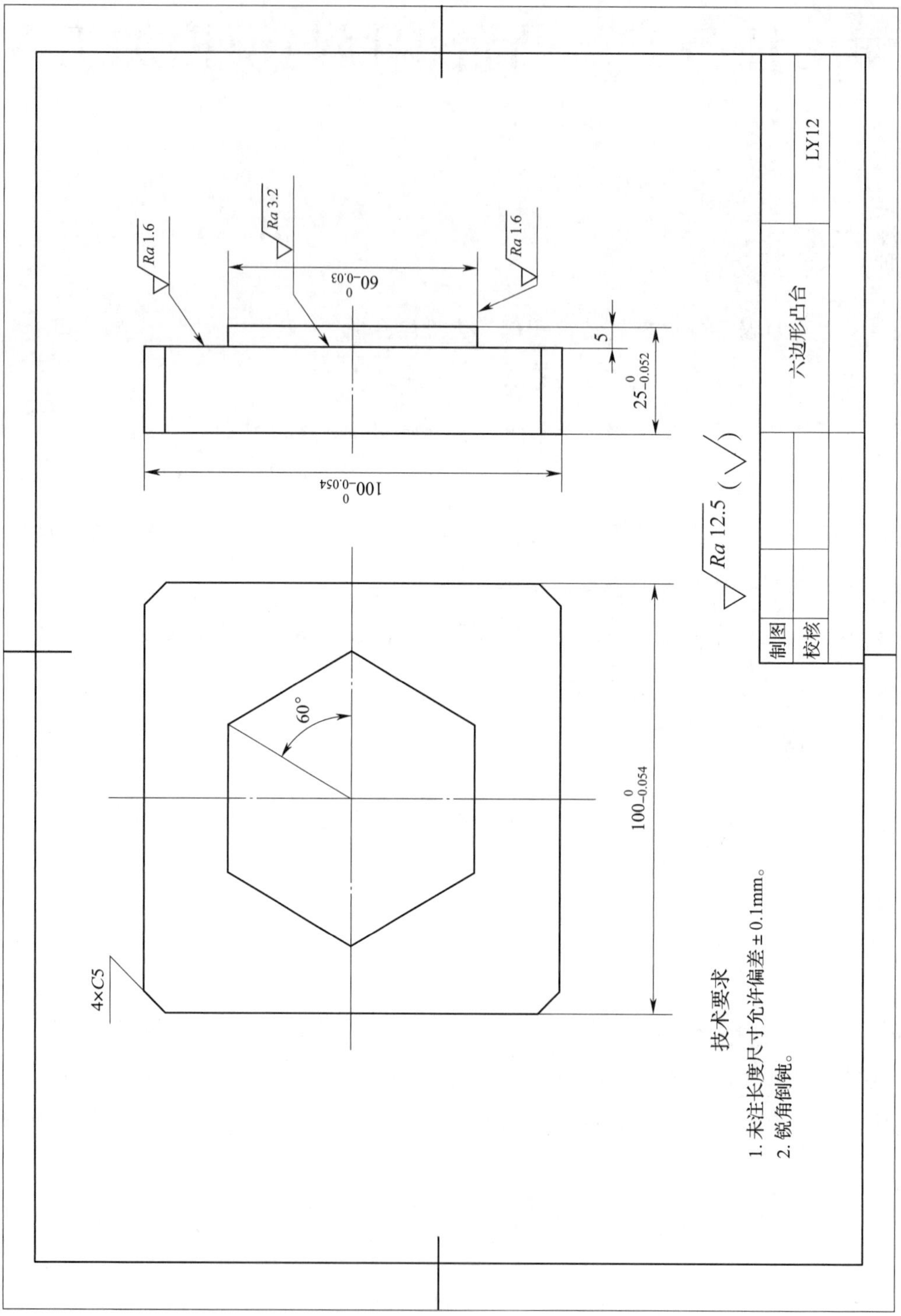
Ra 1.6
Ra 3.2
Ra 1.6
$60_{-0.03}^{0}$
5
$25_{-0.052}^{0}$
$100_{-0.054}^{0}$
Ra 12.5 (√)
60°
4×C5
$100_{-0.054}^{0}$
技术要求
1. 未注长度尺寸允许偏差±0.1mm。
2. 锐角倒钝。
六边形凸台
LY12
制图
校核

图2—0—1 凸台零件图样

工作流程与活动

学习活动 1：分析图样（2 学时）

学习活动 2：工艺准备（4 学时）

学习活动 3：编程与模拟加工（8 学时）

学习活动 4：成果展示与总结评价（2 学时）

学习活动1 分 析 图 样

学习目标

- 能够识读简单形体的零件图样，明确图样中的加工信息。
- 能根据三角函数知识计算零件图样中的基点坐标。

建议学时：2 学时

学习过程

一、接受任务

听教师描述本次模拟加工任务，记录凸台零件的应用领域与特征。

二、识读图样

1. 本学习任务所加工的凸台零件是模具模芯中的凸模，其在实际应用中有特定的作用。查阅资料，了解凸模的作用、加工要求是什么。

2. 在制订机械加工工艺规程时，毛坯加工余量和公差的大小，与毛坯的制造方法有关，可参考机械加工工艺手册或有关行业、企业标准来确定。正确选择毛坯，对零件的加工质量、材料消耗和加工工时都有很大的影响。毛坯形状和尺寸越接近成品零件，机械加工劳动量就越少，但毛坯的制造成本就越高。所以，应根据生产纲领，综合考虑毛坯制造和零件机械加工的费用来确定毛坯，以求得最好的经济效益。

根据本学习任务图样选择合适的毛坯。

（1）毛坯的材质牌号为________。材料的名称为________。

（2）毛坯相对于零件外形基本尺寸的余量为________ mm。

（3）毛坯尺寸确定为：________ mm × ________ mm × ________ mm，在图 2—1—1 框中绘制毛坯图样。

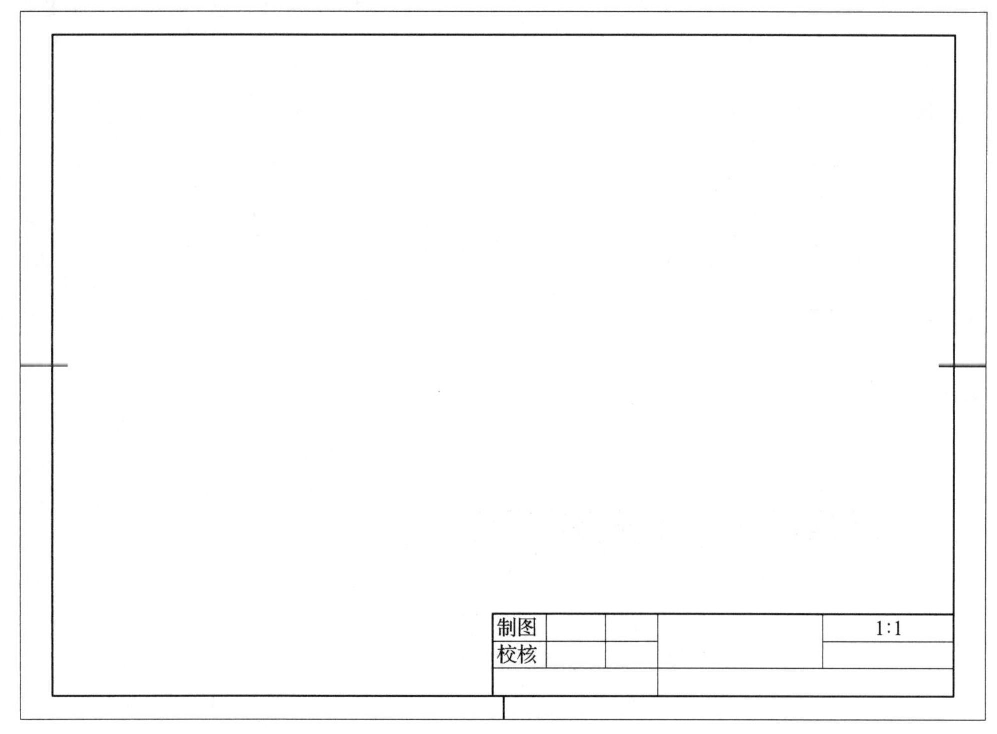

图 2—1—1　毛坯图样

3. 分析零件图样，写出零件模拟加工的主要尺寸，并进行相应的尺寸公差计算，为零件的编程做准备。

（1）底座：

（2）倒角：

（3）六边形凸台：

（4）列出上述主要尺寸中带有公差的尺寸，并计算其极限尺寸，说明加工精度控制范围。

1）带有公差的尺寸：

2）极限尺寸：

3）精度控制范围：

三、确定工件坐标系

在图 2—1—2 上画出工件坐标系，说明工件坐标系原点设置位置的优缺点。

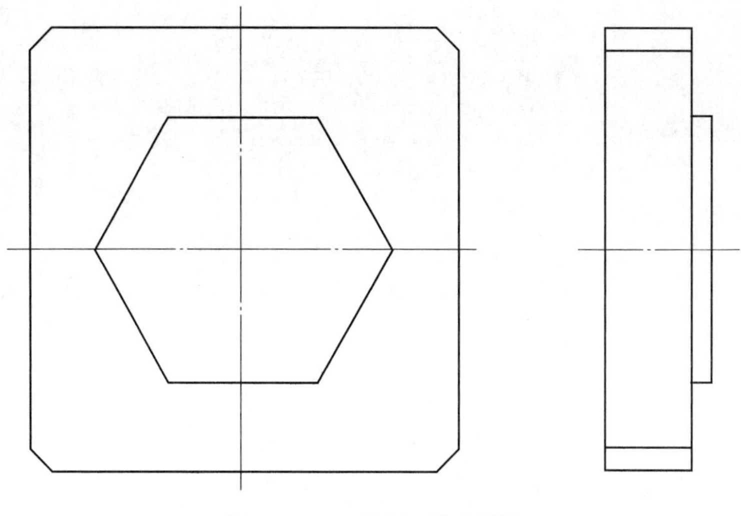

图 2—1—2　设置工件坐标系

四、计算基点坐标

1．通过读图 2—1—3，计算出 100 mm × 100 mm 方形底座 8 个顶点的坐标。

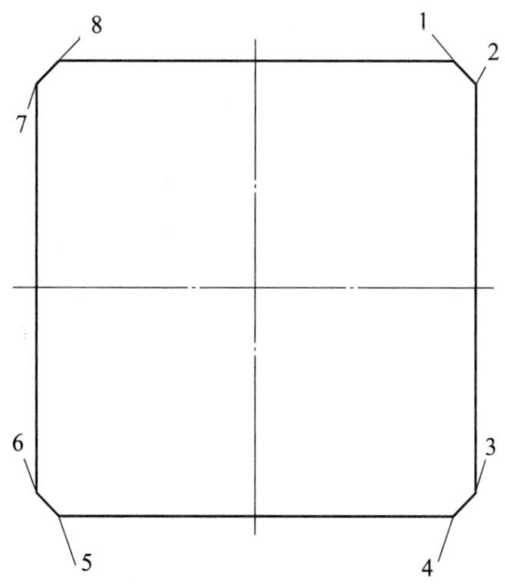

图 2—1—3　顶点坐标

图 2—1—3 中方形底座 8 个顶点的坐标分别是：

1：(　　，　　) 2：(　　，　　) 3：(　　，　　) 4：(　　，　　)

5：(　　，　　) 6：(　　，　　) 7：(　　，　　) 8：(　　，　　)

2. 根据图样中的标注信息，可知该凸台为正六边形。在计算出坐标点值之前，完成如图 2—1—4 所示坐标系中 a 点坐标的计算，对你的工作会有所帮助。

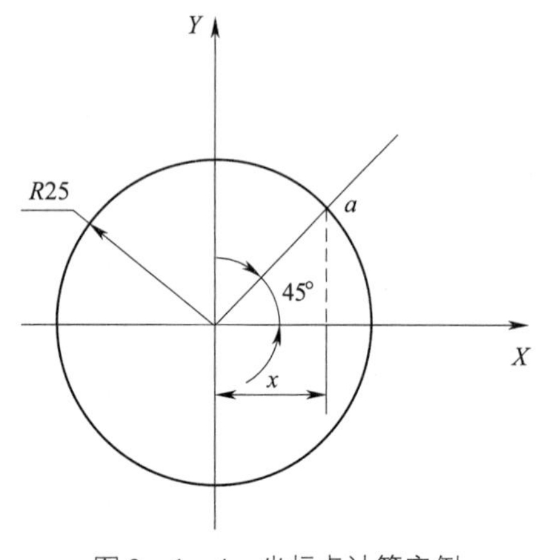

图 2—1—4　坐标点计算实例

3．通过读图 2—1—5，计算出六边形凸台 6 个基点的坐标。

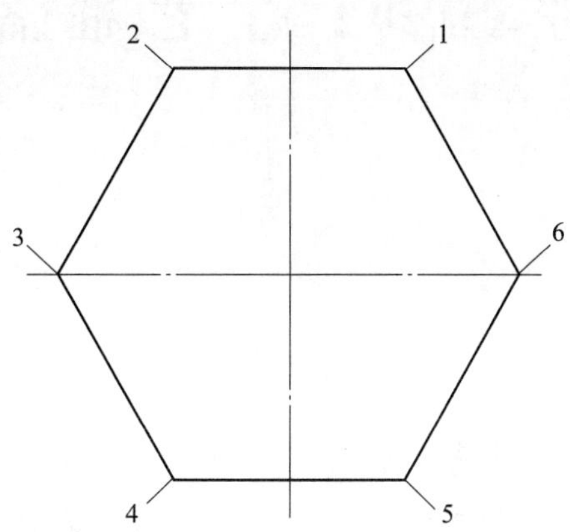

图 2—1—5　六边形凸台坐标点位置

图 2—1—5 中六边形凸台 6 个基点的坐标分别是：

1：(　　，　　) 2：(　　，　　) 3：(　　，　　)

4：(　　，　　) 5：(　　，　　) 6：(　　，　　)

学习活动2　工 艺 准 备

学习目标

- 能正确选择夹具与刀具。
- 能制定加工工步，正确填写凸台零件加工工艺卡片。
- 能够估算出零件加工时间。

建议学时：4学时

学习过程

一、选择夹具

本次模拟加工任务中的六边形凸台零件能否选择压板类夹具装夹？写出六边形凸台零件应采用的合理装夹方案。

二、选择刀具

根据零件图样，选择合适的刀具并计算切削参数，填入表2—2—1。

表 2—2—1　　刀具卡

刀具编号	刀具名称	刀具直径	切削参数	齿数、刃长
				____齿，刃部长____ mm
				____齿，刃部长____ mm
				____齿，刃部长____ mm
				____齿，刃部长____ mm

三、制定工艺方案

1. 采用数控铣床加工本零件相对于普通铣床有何优势？

2. 在凸台零件加工中是否需要粗、精加工分开？为什么？若仅使用一把 ϕ16 mm 的键槽刀也能完成凸台的粗、精加工，并能节省换刀时间，这样做会对零件的加工质量有什么影响？

3. 在加工时怎样改善凸台零件的表面结构？

4. 零件小批量与单件生产的区别是什么？零件为小批量加工要求时，如何合理安排粗、精加工工序，保证生产质量与效率？

5. 根据以上分析，填写表 2—2—2 数控加工工艺卡片。

表 2—2—2 数控加工工艺卡片

工步号	工步内容	刀具序号	刀具规格	主轴转速 (r/min)	进给量 (mm/min)	切削深度 (mm)
1						
2						
3						
4						
5						
6						
7						
8						
9						
10						

6. 根据零件模拟加工路径的距离和刀具进给量，可以估算出零件加工时间。作相关计算，将结果填入表 2—2—3。

表 2—2—3 产品工时计算明细表

工步	加工部位	每次走刀线路长度	刀具转速	进给量	切削深度	下刀次数	切削时间	装夹用时	合计	备注
签字			日期					总计时间		

学习活动3　编程与模拟加工

学习目标

- 能绘制刀具路径图。
- 能正确运用刀具半径补偿指令编制外轮廓零件加工程序。
- 能在仿真软件中设置刀具半径补偿值。
- 能够通过观察刀具路径判断程序正误并进行程序调整。
- 能够按照仿真教室规范完成零件模拟加工操作。

建议学时：8 学时

学习过程

一、学习编程指令

1. 刀具半径补偿的作用是什么？与刀具半径补偿有关的指令有哪些？刀具半径补偿指令的格式是什么？

2．如何判断 G41、G42 的刀具轨迹方向？如图 2—3—1 所示，零件加工后的外形长度尺寸应为 100 mm，通过提示回答下列问题：

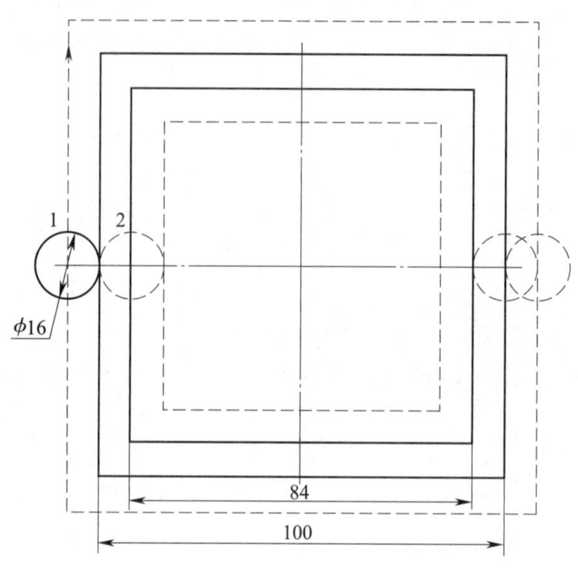

图 2—3—1　刀具半径补偿示意图

（1）刀具加工时的位置处于点 1 时，刀具运动方向为顺时针，此时刀具半径补偿为左补偿还是右补偿？

（2）刀具加工时的位置处于点 2 时，刀具运动方向为顺时针，此时刀具半径补偿为左补偿还是右补偿？

（3）参考图中的零件外形尺寸回答，如果刀具半径补偿值没有输入机床刀具表中，切削后的零件将会出现什么后果？

（4）如果切削后零件成为图中轮廓内部的虚线方框大小，说明指令出现了什么错误以及要如何修改。

二、编制程序

1．编制本学习任务中的方形底座、六边形凸台加工程序时需要用到哪些指令？填写表2—3—1。

表 2—3—1　　数控铣削编程指令

指令	名称	功能	格式

2．如图 2—3—2 所示为四种不同的刀具切入切出的轨迹，其分别是什么形式？各自有什么优缺点？分别用于什么场合？在模拟加工凸台零件时你将选择哪种？

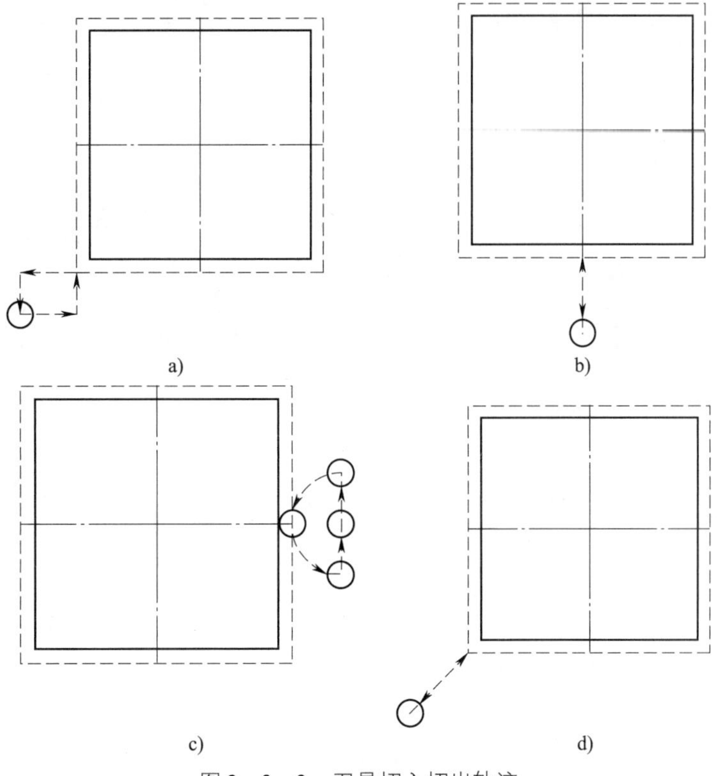

图 2—3—2　刀具切入切出轨迹

3．参照图 2—3—2，画出模拟切削方形底座和六边形凸台的刀具路径图。

4．编制加工方形底座、六边形凸台加工程序，要求程序中加上刀具半径补偿指令，填写表 2—3—2、表 2—3—3。

表 2—3—2 方形底座加工程序

程序段号	程序	程序段号	程序

表 2—3—3 六边形凸台加工程序

程序段号	程序	程序段号	程序

续表

程序段号	程序	程序段号	程序

三、模拟加工零件

1. 模拟加工凸台零件前需要做哪些准备工作?

2. 简述如何建立凸台工件坐标系，以及如何在仿真机床系统的 MDI 功能下验证工件坐标系是否正确。

3. 在仿真软件模拟加工凸台零件时，如何进行机床类型、夹具类型与装夹位置、毛坯大小与位置、刀具参数设置?

（1）机床类型设置:

（2）夹具类型与装夹位置设置：

（3）毛坯大小与位置设置：

（4）刀具参数设置：

4．描述输入刀具半径补偿数值的操作过程。

5．数控程序执行时，可以通过主轴倍率旋钮和进给倍率旋钮来调节主轴旋转速度和进给速度。但是，如果倍率旋钮调整不当，机床的运行速度、刀具的切削参数没有按照预定的大小给定，会出现机床振动、零件表面结构差等不利影响甚至撞刀。因此，进给倍率旋钮与主轴倍率旋钮应放在什么位置？加工刀具应移动到什么位置？

（1）选择进给倍率旋钮位置（100%、50%、0%）：

（2）选择主轴倍率旋钮位置（100%、50%、0%）：

（3）选择刀具位置（工件表面以下、与工件表面持平、工件表面以上）：

6．在仿真机床上按下循环启动后，程序运行到 Z 轴向下移动的程序段时，点击进给保持按钮，暂停加工，观察刀具位置，并记录系统屏幕显示数据，判断刀具位置是否正确。思考：为什么要进行此操作？

（1）方形底座：

绝对坐标：x：____ y：____ z：____

刀具剩余行程：x：____ y：____ z：____

（2）六边形凸台：

绝对坐标：x：____ y：____ z：____

刀具剩余行程：x：____ y：____ z：____

7. 运行程序进行模拟加工，观察加工路径。根据仿真软件中显示的加工路径与自己绘制的加工路径的对比，以及机床报警等信息，判断程序有无错误。小组讨论如何修改零件加工程序，填制表 2—3—4，以提高加工质量与效率。

表 2—3—4　程序修改意见

序号	程序错误	修改意见
1		
2		
3		
4		

四、模拟检验

1. 凸台零件上有哪些关键尺寸需要测量？为什么？

2. 零件加工完毕后，通过仿真软件的模拟检验发现凸台宽度 $60_{-0.03}^{0}$ mm 的实际尺寸是 $\phi60.05$ mm，这是什么原因造成的？应该采用什么方法避免？记录你的测量结果。

3．如果模拟加工的凸台零件是真实的产品，结合图 2—3—2 选用需要用到的真实量具，填入表 2—3—5。

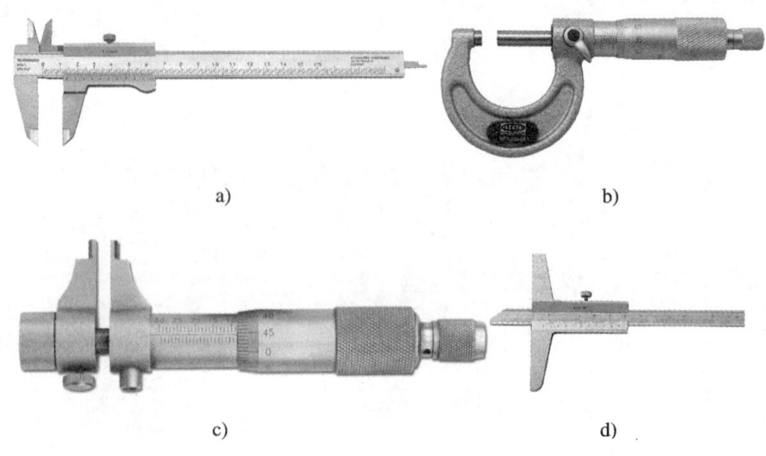

a)　　b)

c)　　d)

图 2—3—2　量具

表 2—3—5　　选用的量具

序号	测量项目	选用的量具
1	底座测量项目	
2	凸台测量项目	

4．利用仿真软件的测量功能，检验零件加工精度，对不合格项目提出修改意见，填入表 2—3—6。

表 2—3—6　　工艺修改方案

序号	不合格项目	修改意见
1		
2		
3		
4		

学习活动 4　成果展示与总结评价

学习目标

● 能积极展示学习成果，在小组的讨论中总结和反思，提高学习效率。

● 能按仿真教室规定，整理现场，保持清洁的学习环境。

建议学时：2 学时

学习过程

一、个人总结

1. 总结在外轮廓加工程序中加入刀具补偿的原则和参数设置方法。

2. 你是否在规定时间内完成本学习任务的模拟加工？如果不能按时完成，简述原因及改进方法。

3. 通过凸台的模拟加工你的社会能力（例如：沟通能力、协作能力）和方法能力（例如：总结能力）有怎样的提高？

4. 通过本学习任务你学到什么编程知识与加工技能？

（1）编程知识：

（2）加工技能：

二、小组总结与清扫

1. 小组讨论总结凸台零件在模拟加工中出现的问题与难点。其原因与解决方法是什么？

2. 通过零件截图、零件的加工录像等素材，以 PPT 的形式展示小组的工作成果（工艺与程序拟定的思路、加工重点与难点等），并将 PPT 的大纲记录下来。

3. 按 6S 管理要求，检查工作场地，清理打扫，将在清理打扫过程中发现的问题记录下来。

三、综合评价

完成综合评价表 2—4—1。

表 2—4—1　　综合评价表

班级__________ 学生姓名__________ 学　号__________

序号	项目	项目配分	子项	子项配分	表现结果	评分标准	得分	累计
1	纪律	25	迟到	5		违规不得分		
			溜号	5		违规不得分		
			早退	5		违规不得分		
			串岗	5		违规不得分		
			旷课	5		违规不得分		
2	仿真过程	30	程序规范正确	10		酌情扣分		
			仿真软件操作	5		熟练程度		
			回参考点	3		是否按要求		
			工件设置	2		方法是否掌握		
			对刀	5		方法是否掌握		
			程序输入	5		酌情扣分		
3	零件项目	40	$100_{-0.054}^{0}$ mm	4		超差不得分		
			$Ra1.6$ μm	2		超差不得分		
			$100_{-0.054}^{0}$ mm	4		超差不得分		
			$Ra12.5$ μm	2		超差不得分		
			$25_{-0.052}^{0}$ mm	4		超差不得分		
			$Ra3.2$ μm	2		超差不得分		
			$4\times C5$	5		超差不得分		
			$60_{-0.03}^{0}$ mm（3 组对边）	3		超差不得分		
			5 mm	3		超差不得分		
			$Ra1.6$ μm（6 个侧面）	6		超差不得分		
			60°	5		超差不得分		
4	6S	5	按 6S 管理要求酌情扣分					
5	总分	100						

任课教师：　　　　年　　月　　日

学习任务三　内腔零件编程与模拟加工

学习目标

1. 能遵守机房各项管理规定，并规范使用计算机。
2. 能应用三角函数知识计算内腔零件图样中的基点坐标。
3. 能正确编制内腔零件加工工艺卡片，并绘制刀具路径图。
4. 能正确运用编程指令，按照程序格式要求编制加工程序。
5. 能熟练应用仿真软件各项功能，模拟数控铣床操作，完成内腔零件模拟加工。
6. 能根据模拟仿真结果完善程序。
7. 能积极展示学习成果，通过小组讨论总结和反思学习活动，以提高学习效率。

16 学时。

工作情景描述

某企业检修设备时，发现其中有一个内腔零件损坏，需要在 2 个工作日内按原设计图样重新制作。某学院实习生接到上述任务后，需要分析设计图样、合理安排工艺、编制调试程序，并通过模拟切削检验有关工艺与程序，以确定是否能加工出符合使用要求的内腔零件。

零件图样（图 3—0—1）：

Ra 1.6
A–A
φ40±0.02
⊥ 0.04 B
8±0.02
24±0.02
≡ 0.04 A
28 0 −0.05
5 +0.05 0
6±0.02
10±0.02
B
74
A
技术要求
加工后的零件不允许有毛刺。
4×R5
45°
A
R29
A
74
60±0.02
Ra 3.2 (√)
制图
校核
内腔零件
LY12硬铝

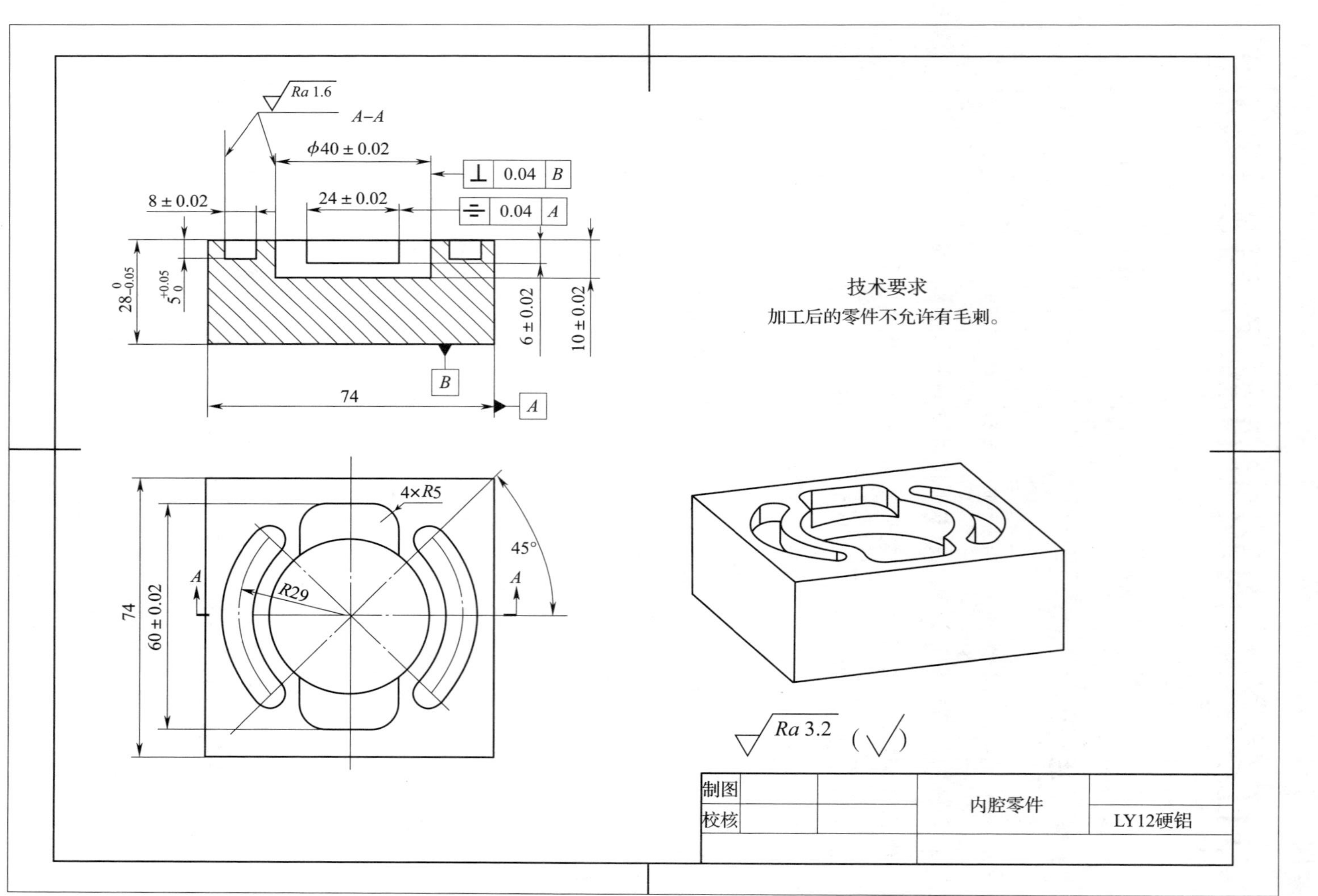

图3-0-1 内腔零件图样

工作流程与活动

学习活动 1：分析图样（2 学时）

学习活动 2：工艺准备（4 学时）

学习活动 3：编程与模拟加工（8 学时）

学习活动 4：成果展示与总结评价（2 学时）

学习活动1　分 析 图 样

学习目标

- 能分析明确图样中的各加工要素的形状尺寸和位置尺寸。
- 能通过图样分析明确几何公差的意义。
- 能计算基点坐标。

建议学时：2 学时

学习过程

一、接受任务

听教师描述本次模拟加工任务，记录内腔零件的应用领域与特征。

二、识读图样

1. 该零的材料是什么？该材料在硬度、强度、韧性、塑性方面有什么特性？毛坯应为多大尺寸？在图 3—1—1 中绘制毛坯。

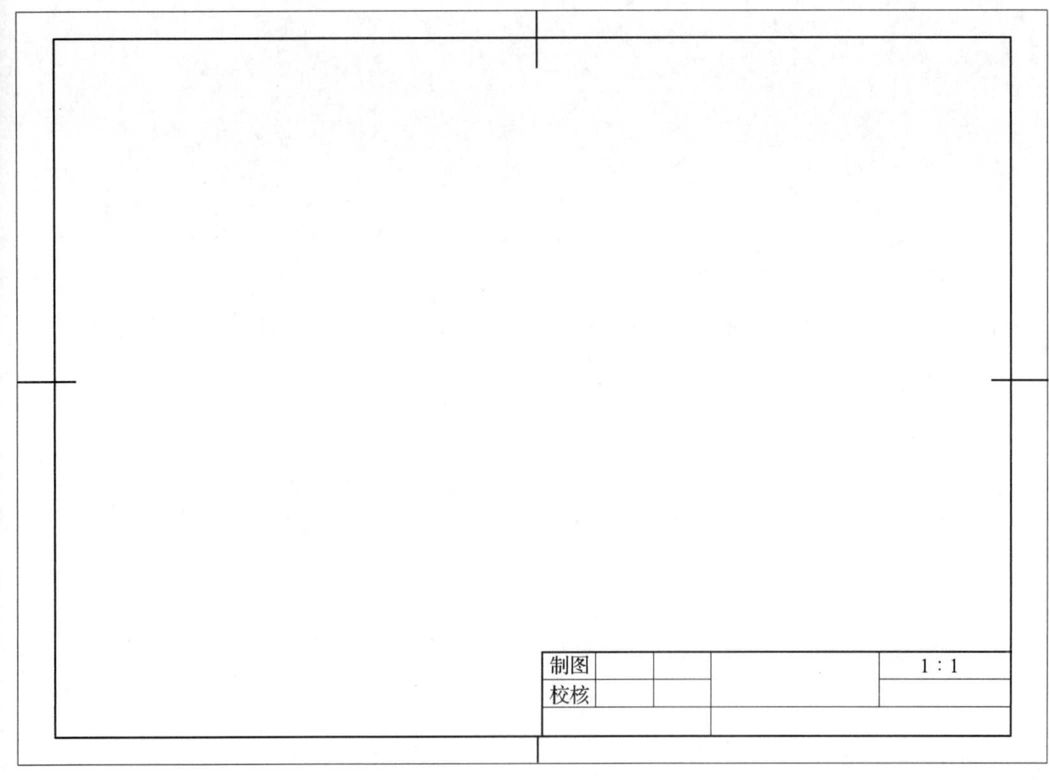

图 3—1—1　毛坯图样

2. 写出以下内轮廓各要素的标注信息。

（1）形状尺寸：

（2）位置尺寸：

（3）几何公差：

（4）表面结构：

（5）技术要求：

3. 从零件图样中找出 ⊥ 0.04 B 、 ≡ 0.04 A 两个标注符号，并说明其含义。如加工后未达到以上两个标注的要求会对零件产生什么影响？

4. 零件图样所标注的基准都在什么部位？

三、确定工件坐标系

在图 3—1—2 中绘制内腔零件的工件坐标系。

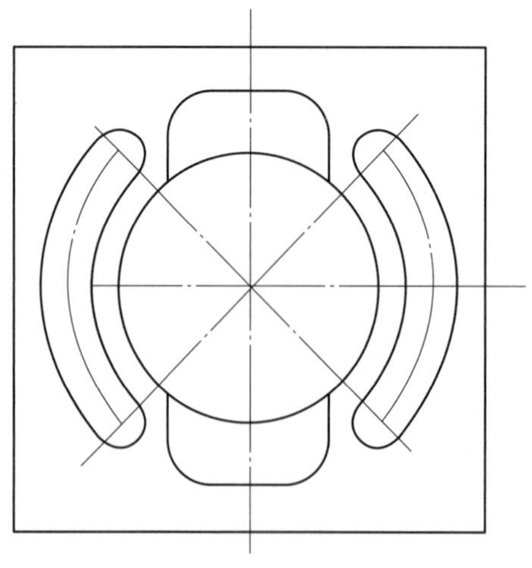

图 3—1—2 设置工件坐标系

四、计算基点坐标

1．看图 3—1—3，计算中心半径为 *R*29 的圆弧腰槽的各基点坐标分别是多少并写明计算过程。

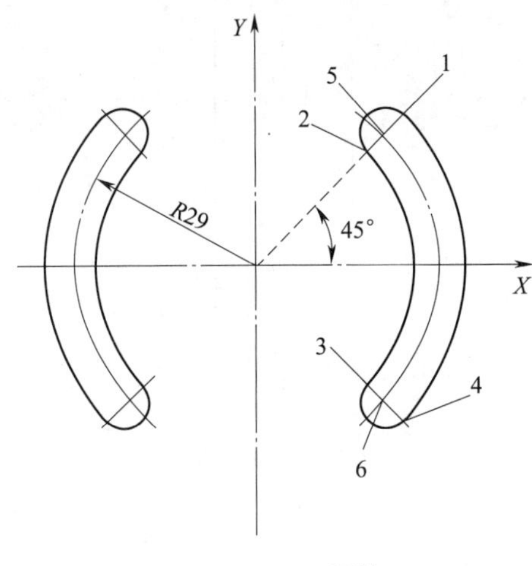

图 3—1—3　腰槽

1 点（　，　）2 点（　，　）3 点（　，　）

4 点（　，　）5 点（　，　）6 点（　，　）

2．看图 3—1—4，计算 24 mm×60 mm 方槽的 8 个基点的坐标分别是多少并写明计算过程。

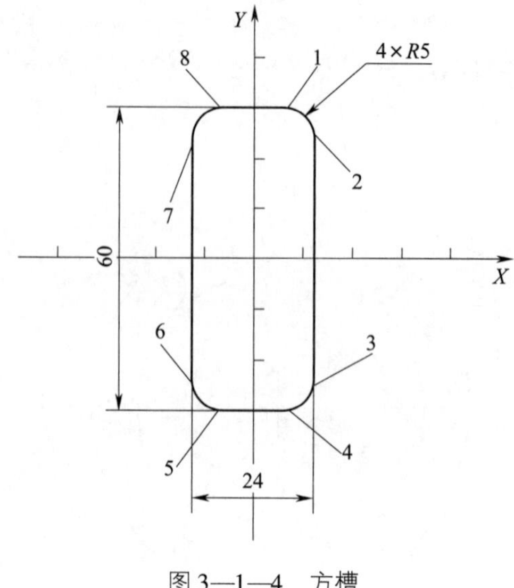

图 3—1—4　方槽

1 点（　，　）2 点（　，　）3 点（　，　）4 点（　，　）

5 点（　，　）6 点（　，　）7 点（　，　）8 点（　，　）

学习活动2 工艺准备

学习目标

- 能识别并选用常用数控铣削刀具。
- 能合理选择切削用量，并进行切削参数的计算。
- 能完成内腔零件加工工艺的制定。

建议学时：4学时

学习过程

一、选择夹具

本次模拟加工任务中的内腔零件选择什么类型的夹具装夹？写出内腔零件应采用的合理装夹方案。

二、选择刀具

1. 哪种材料的刀具适合切削内腔零件？为什么？

2．根据图 3—2—1 认识数控铣削刀具，以下哪些类型的刀具可用于本学习任务的模拟加工？说明选用刀具所加工的零件部位（在需要用的刀具下的横线上说明加工部位，不需要的画 ×）。

图 3—2—1　各种数控铣削刀具

3. 用 $\phi20$ mm 的键槽刀能否加工出内腔零件方槽上的 $4\times R5$ mm 内圆弧？为什么？应该使用直径为多大的刀具？

三、制定工艺方案

1. 查阅切削参数表，找到以下内容：

（1）高速钢刀具切削铝合金的切削速度为________________。

（2）硬质合金刀具切削铝合金的切削速度为________________。

2. 需要使用 $\phi50$ mm 的 4 齿端铣刀加工内腔零件上表面，刀具材料为硬质合金，试计算刀具转速 S、进给速度 F。

3. 需要使用 $\phi12$ mm 的 2 齿键槽刀加工内腔零件圆槽，刀具材料为高速钢，试计算刀具转速 S、进给速度 F。

4. 先加工内腔零件的方槽、后加工圆槽是否是最佳工艺方案？如果此方案不是最佳，给出最佳工艺方案，并说明原因。

5．如图 3—2—2 所示为每个工步加工后的示意图（并非按加工先后顺序排列）。按正确的加工顺序将各图序号填入表 3—2—1 数控加工工艺卡片的“加工简图”一栏中，并完成其他内容。

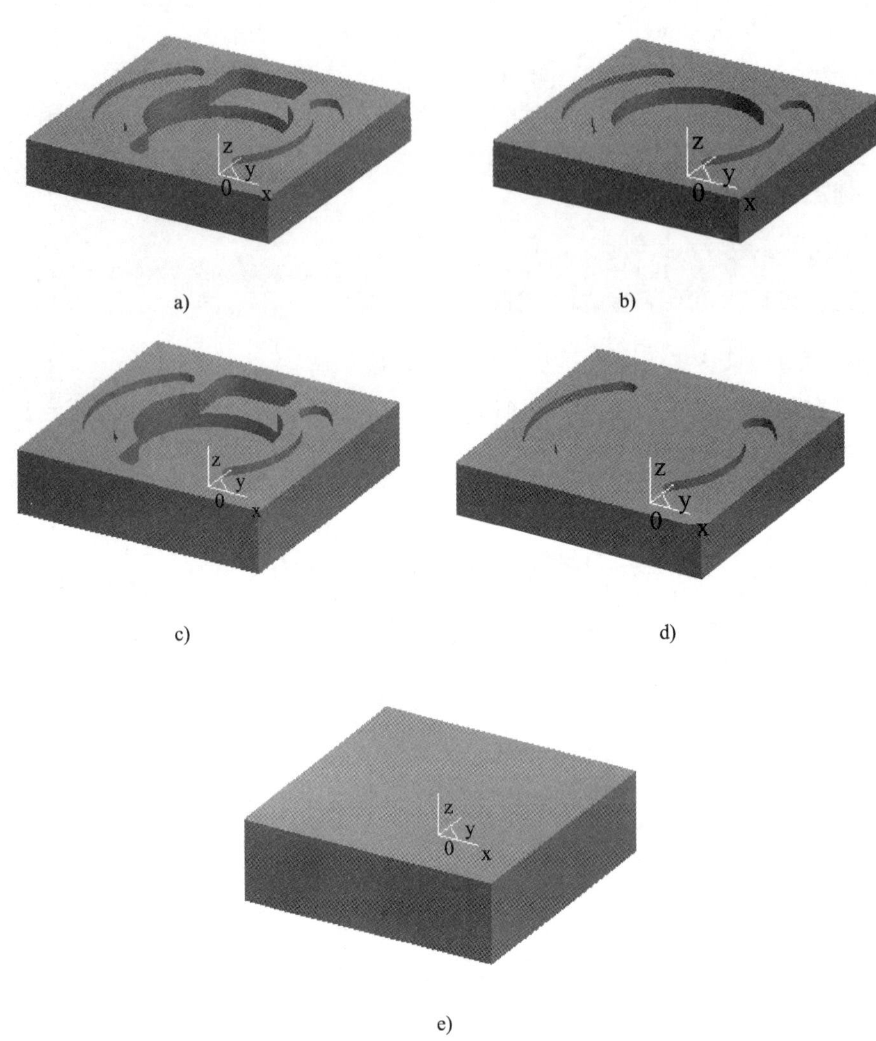

图 3—2—2　加工示意图

表 3—2—1　　数控加工工艺卡片

工步号	工步内容	刀具序号	刀具规格 (mm)	主轴转速 (r/min)	进给量 (mm/min)	切削深度 (mm)	加工简图
1	加工外形						图 e
2							
3							
4							
5							

学习活动 3　编程与模拟加工

学习目标

- 能正确使用圆弧插补指令编制加工程序。
- 能运用刀具半径补偿功能对零件的内轮廓进行加工。
- 能设计合理的出入刀具路径，提高加工质量。
- 能独立完成内腔零件的模拟加工。
- 能模拟检验内腔的加工质量。

建议学时：8 学时

学习过程

一、学习编程指令

1. 编制本零件将用到表 3—3—1 所示指令，填写其指令功能与编程格式。

表 3—3—1　　编程指令

指令名称	指令功能	编程格式
G04		
G41		
G42		
G40		
M00		
M01		
M08		
M09		

2．圆弧半径编程：编程时用圆弧的终点坐标和圆弧半径来表示圆弧的运动轨迹。I、J、K 矢量编程：编程时用圆弧终点坐标，以及圆弧的起点到圆心的矢量距离来表示圆弧的运动轨迹。圆弧半径编程法是否适用于所有的圆弧轮廓？如何区分圆弧半径编程和 I、J、K 矢量编程的使用场合？编程格式分别是什么？

二、编制程序

1．在图 3—3—1 中画出内腔零件加工刀具路径，标出下刀点的位置，并写出使用圆弧切入的程序段。

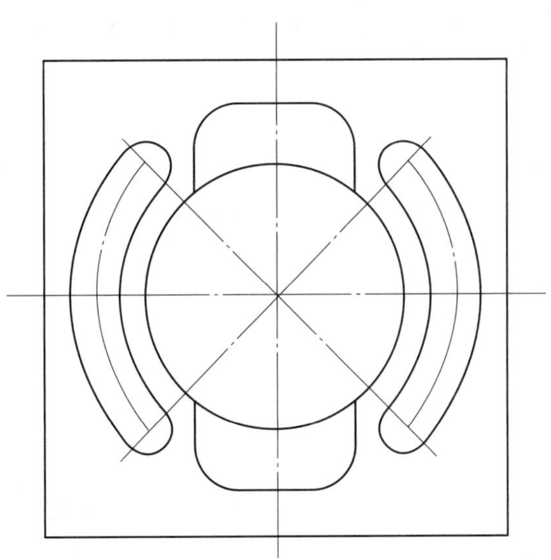

图 3—3—1　内腔零件加工刀具路径

2. 根据加工情况，编制方槽加工程序，使刀具从原点开始顺时针移动完成内轮廓的切削，填写表 3—3—2。

表 3—3—2 方槽加工程序

程序段号	程序	程序段号	程序

3. 上述程序编写时若未加刀具半径补偿指令，方槽轮廓尺寸将被切大还是切小？为什么？

4. 如图 3—3—2 所示圆槽的加工路线为螺旋下切。螺旋切入有利于消除零件的表面接刀痕。参照刀具切削路线，编写加工程序并填写表 3—3—3、表 3—3—4。其中圆槽、腰槽要求：

(1) 使用矢量圆弧插补指令；

(2) 程序中必须有刀具半径补偿指令；

(3) 采用螺旋下切的方式；

图 3—3—2 螺旋下切刀具轨迹

（4）顺时针方向完成圆槽内轮廓的切削；

（5）顺时针方向完成腰槽内轮廓的切削。

表 3—3—3　　圆槽加工程序

程序段号	程序	程序段号	程序

表 3—3—4　　腰槽加工程序

程序段号	程序	程序段号	程序

三、模拟加工零件

1. 模拟加工内腔零件前需要做哪些准备工作?

2. 在仿真软件模拟加工内腔零件时，如何进行机床类型、夹具类型与装夹位置、毛坯大小与位置、刀具参数设置?

（1）机床类型设置：

（2）夹具类型与装夹位置设置：

（3）毛坯大小与位置设置：

（4）刀具参数设置：

3. 若采用 ϕ10 mm 的刀具加工 $\phi40 \pm 0.02$ mm 的圆槽，半精加工时刀具半径补偿数值可以为多少? 加上刀具半径补偿值的半精加工后的理想尺寸应该为多少? 如经过测量后的实际尺寸为 39.08 mm，精加工的刀具半径补偿数值应该是多少?

4．若采用 $\phi 10$ mm 刀具粗加工 24 mm × 60 mm 方槽，加工后中心位置留有余量。用修改刀具半径补偿值的方式去除槽的中间余量，刀具半径补偿值应增大还是减小？为什么？

5．加工 24 mm × 60 mm 方槽上 4 × $R5$ mm 的圆角，其所用刀具的半径补偿值设定为 D01 = 6.0，在执行程序模拟加工时有何现象？为什么？

6．在仿真机床上按下循环启动按钮后，程序运行到 Z 向并开始向下移动时，点击进给保持按钮，暂停加工，观察刀具位置，并记录系统屏幕显示数据，判断有关位置是否正确并且思考为什么要进行此操作。

（1）腰槽：

绝对坐标：x：_____ y：_____ z：_____

刀具剩余行程：x：_____ y：_____ z：_____

（2）圆槽：

绝对坐标：x：_____ y：_____ z：_____

刀具剩余行程：x：_____ y：_____ z：_____

7. 运行程序进行模拟加工，观察加工路径。将仿真软件中显示的加工路径与自己绘制的加工路径对比，并根据机床报警等信息，判断程序有无错误。小组讨论如何修改零件加工程序，填制表 3—3—5，以提高加工质量与效率。

表 3—3—5 程序修改意见

序号	程序错误	修改意见
1		
2		
3		
4		

四、模拟检验

1. 使用仿真软件的测量功能检验零件各部分轮廓尺寸，写明检验过程并回答问题。

（1）检验过程：

（2）若本零件 $\phi40\pm0.02$ mm 的圆槽加工后尺寸为 $\phi40.05$ mm，该尺寸的精度质量有没有办法弥补？为什么？

（3）若本零件 24 ± 0.02 mm 的方槽加工后尺寸为 23.97 mm，该尺寸精度质量有没有办法弥补？为什么？

（4）若本零件 8 ± 0.02 mm 的腰槽加工后尺寸为 7.95 mm，该尺寸精度质量有没有办法弥补？刀具半径补偿值应该在此基础上增加还是减小？为什么？

2. 你所模拟加工的内腔零件的各个内轮廓是否完整？若有缺陷，分析是何种原因造成的并拟定修改方案。

学习活动4　成果展示与总结评价

学习目标

- 能积极展示学习成果，在小组的讨论中总结和反思，提高学习效率。
- 能按仿真教室规定，整理现场，保持清洁的学习环境。

建议学时：2学时

学习过程

一、个人总结

1．是否在规定时间内完成本学习任务的模拟加工？如果不能按时完成，简述原因及改进方法。

2．总结本学习任务学过的数控铣削刀具种类，以及刀具切削参数的计算方法。

3．通过完成内腔零件的模拟加工，你的社会能力（例如：沟通能力、协作能力）和方法能力（例如：总结能力）有怎样的提高?

4．通过本学习任务的模拟加工学到什么编程知识与加工技能?

（1）编程知识：

（2）加工技能：

5. 参考表3—4—1，判断自己能达到国家职业资格标准中的哪些技能要求?

表3—4—1 国家职业资格标准

职业功能	工作内容	技能要求	相关知识
国家等级标准要求（中级）	槽类加工	能够运用数控加工程序进行沟槽、键槽的加工，且沟槽的尺寸公差等级达IT8，几何公差等级达8级，表面粗糙度达 $Ra3.2\ \mu m$	型腔、槽、键槽的加工方法

二、小组总结与清扫

1. 针对自己的工作过程，从分析图样、制定工艺、模拟加工与检验等方面，总结在完成任务的过程中有哪些难点、解决方法和体会，写一篇实习总结并与小组同学交流。

2. 通过零件截图、零件的加工录像等素材，以 PPT 的形式展示小组的工作成果（工艺与程序拟定的思路、加工重点与难点等），并将 PPT 的大纲记录下来。

3. 按照 6S 管理的要求，检查工作场地，清理打扫，将在清理打扫过程中发现的问题记录下来。

三、综合评价

完成综合评价表 3—4—2。

表 3—4—2　　　　　　　　　　　综合评价表

班级＿＿＿＿＿＿＿学生姓名＿＿＿＿＿＿＿学　号＿＿＿＿＿＿＿

序号	项目	项目配分	子项	子项配分	表现结果	评分标准	得分	累计
1	纪律	25	迟到	5		违规不得分		
			溜号	5		违规不得分		
			早退	5		违规不得分		
			串岗	5		违规不得分		
			旷课	5		违规不得分		
2	仿真过程	30	程序规范正确	10		酌情扣分		
			仿真软件操作	5		熟练程度		
			回参考点	3		是否按要求		
			工件设置	2		方法是否掌握		
			对刀	5		方法是否掌握		
			程序输入	5		酌情扣分		
3	零件项目	40	$28_{-0.05}^{0}$ mm	4		超差不得分		
			60 ± 0.02 mm	3		超差不得分		
			24 ± 0.02 mm	3		超差不得分		
			$\phi40\pm0.02$ mm	3		超差不得分		
			8 ± 0.02 mm	3		超差不得分		
			$5_{0}^{+0.05}$ mm	3		超差不得分		
			6 ± 0.02 mm	3		超差不得分		
			10 ± 0.02 mm	3		超差不得分		
			$4\times R5$ mm	3		超差不得分		
			⌯ 0.04 A	2		超差不得分		
			⊥ 0.04 B	2		超差不得分		
			$Ra1.6$ μm（3 处）	3		超差不得分		
			$Ra3.2$ μm	3		一处超差不得分		
			棱边倒角	2		一处超差不得分		
4	6S	5	按 6S 管理要求酌情扣分					
5	总分	100						

任课教师：　　　　　　　年　　月　　日

学习任务四　孔类零件编程与模拟加工

学习目标

1. 能遵守机房各项管理规定，并规范使用计算机。
2. 能应用三角函数知识计算孔类零件图样中的基点坐标。
3. 能正确编制孔类零件加工工艺卡片，并绘制刀具路径图。
4. 能正确运用编程指令，按照程序格式要求编制加工程序。
5. 能熟练应用仿真软件各项功能，模拟数控铣床操作，完成孔类零件模拟加工。
6. 能根据模拟仿真结果完善程序。
7. 能积极展示学习成果，通过小组讨论总结和反思学习活动，以提高学习效率。

建议学时

16 学时。

工作情景描述

某公司对制冷设备的盖板（多孔板零件）进行了改进，技术研发部将设计样本图样交给负责试制的生产部门，要求其在 2 个工作日内使用数控铣床进行小批量加工，零件的各孔直径、孔位尺寸必须达标，以便安装在制冷设备上以试验改进效果。技术人员在接到上述任务后，需要分析设计图样、合理安排工艺、编制调试程序，并通过模拟切削检验有关工艺与程序，以确定是否能加工出符合使用要求的多孔板零件。

零件图样（图 4—0—1）：

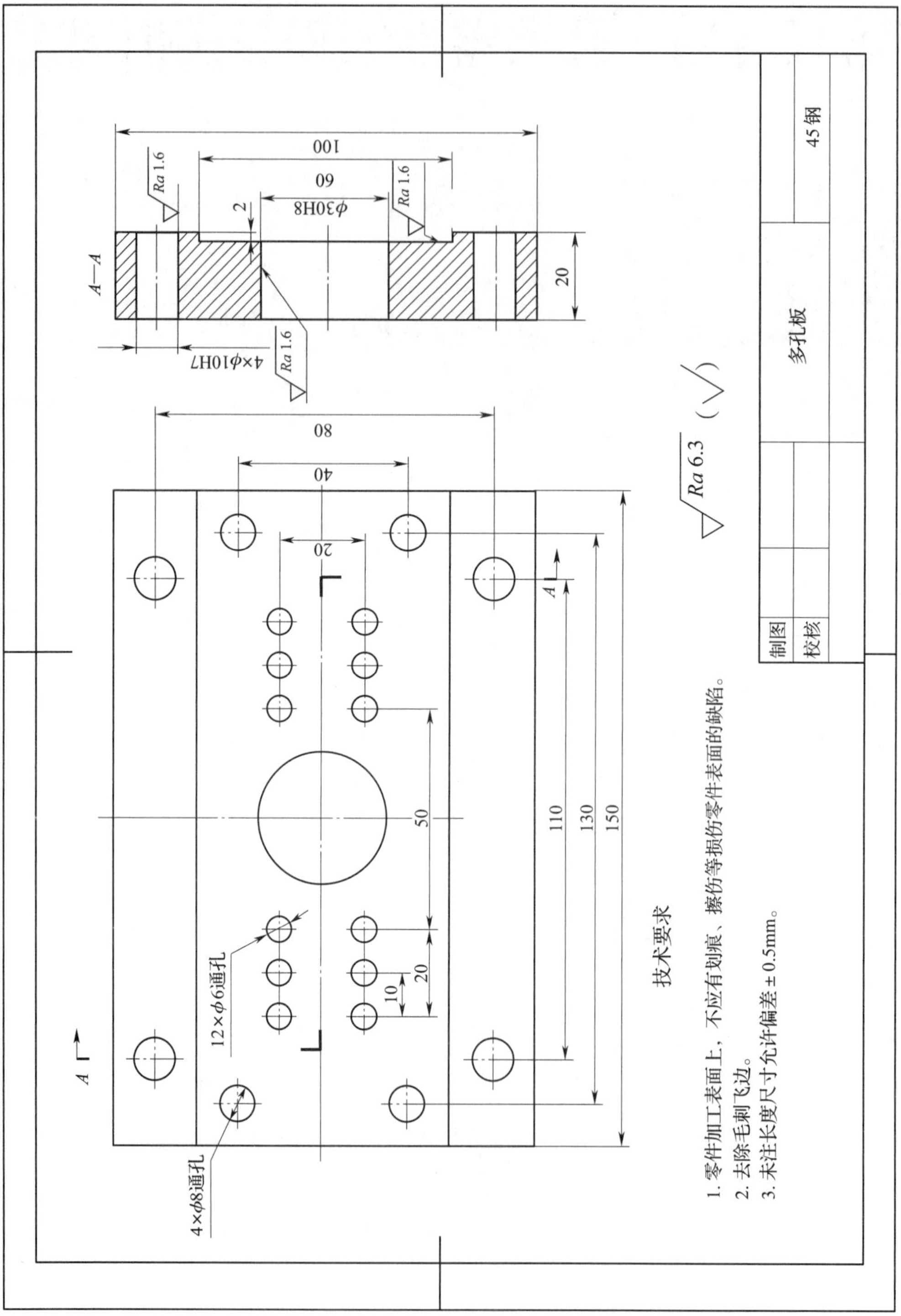

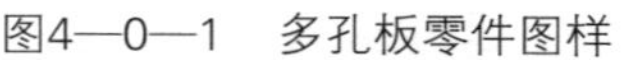

图4—0—1 多孔板零件图样

工作流程与活动

学习活动 1：分析图样（2 学时）

学习活动 2：工艺准备（4 学时）

学习活动 3：编程与模拟加工（8 学时）

学习活动 4：成果展示与总结评价（2 学时）

学习活动1　分 析 图 样

学习目标

- 能识读孔类零件图样，确定加工要素的样式、位置及精度等要求。
- 能查阅切削手册完成尺寸标准公差和基本偏差的转换。
- 能够确定各孔位置的编程坐标。

建议学时：2 学时

学习过程

一、接受任务

听教师描述本次模拟加工任务，记录孔类零件的应用领域与特征。

二、识读图样

1. 根据小批量生产的要求、零件的功能与形状等因素，确定如何选择该零件毛坯的种类（例如铸件、锻件、型材和焊接件等）？其材料是什么？毛坯尺寸大小是多少？

2. 列举图样共有多少种类型的孔及每种类型孔的数量（按孔的大小分类），并根据各种孔精度等级分析其加工工艺是否相同。

3. 解释零件图样中“4 × ϕ10H7”和“12 × ϕ6”标注的含义，根据这两个孔的精度要求，回答其工艺是否会有所不同。如果有不同主要体现在哪些方面？编程方式会不会因精度的差异而改变。

4. 查阅基本偏差、标准公差表，回答 ϕ30H8、ϕ10H7 孔的上下偏差、公差分别是多少？

（1）ϕ30H8：

（2）ϕ10H7：

三、确定工件坐标系与基点坐标

在图 4—1—1 中标出零件图样中外形尺寸、孔距尺寸、孔径尺寸，并根据零件形状建立工件坐标系、计算有关孔的坐标。

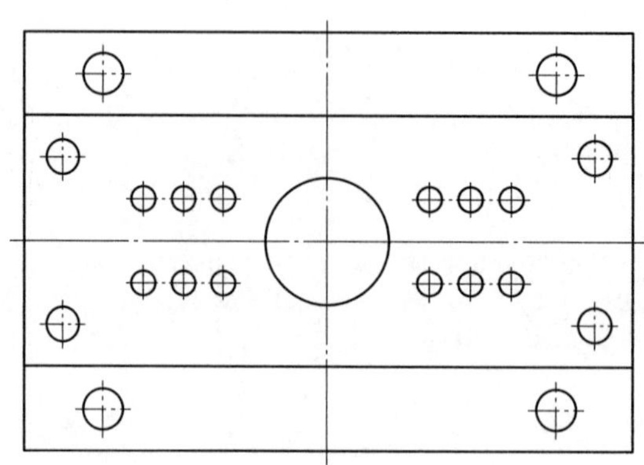

图 4—1—1　标注尺寸

（1）在图中标出 4 × ϕ10 各孔的序号并计算其坐标。

1）x ________，y ________

2）x ________，y ________

3）x ________，y ________

4）x ________，y ________

（2）在图中标出 4 × ϕ8 各孔的序号并计算其坐标。

1）x ________，y ________

2）x ________，y ________

3）x ________，y ________

4）x ________，y ________

（3）在图中标出 12 × ϕ6 各孔的序号并计算其坐标。

1）x ________，y ________

2）x ________，y ________

3）x ________，y ________

4）x ________，y ________

5）x ________，y ________

6）x ________，y ________

7）x ________，y ________

8）x ________，y ________

9）x ________，y ________

10）x ________，y ________

11）x ________，y ________

12）x ________，y ________

学习活动2 工 艺 准 备

学习目标

- 能选择合适的刀具进行通孔的加工。
- 能够合理安排铰孔、镗孔的加工工步。
- 能够合理安排刀具路径进行多孔加工。
- 能估算钻孔工时，计算切削时间。
- 能查阅切削手册，计算切削参数。
- 能正确填写孔类零件数控加工工艺卡片。

建议学时：4 学时

学习过程

一、选择夹具

本例选用什么类型的夹具最适合加工？为什么？

二、选择刀具

根据图 4—2—1 认识孔加工刀具，以下哪些类型的刀具可用于本学习任务多孔板的模拟加工（在需要用的刀具下的横线上说明加工部位，不需要的画 ×)？

图 4—2—1　各种孔加工刀具

三、制定工艺方案

1. 本零件模拟加工时应先钻孔还是先铣孔所在平面？为什么？

2. 查阅资料，写出下列孔加工方法所获得孔的公差等级、表面结构范围。

钻孔的尺寸公差等级为______________，加工后表面结构可达______________。

精铰的尺寸公差等级为______________，加工后表面结构可达______________。

粗镗的尺寸公差等级为______________，加工后表面结构可达______________。

精镗的尺寸公差等级为______________，加工后表面结构可达______________。

3. 选择 ϕ30H8、ϕ10H7 的加工方法以及加工刀具，并说明选用理由。

4. 查阅刀具切削参数表，计算本例的中心钻和标准麻花钻所用的切削参数（提示：计算公式：转速 $n=1\ 000v_c/\pi d$，进给量 $F=f_z zn$），填入表 4—2—1。

表 4—2—1 刀具切削参数

序号	刀具名称	计算过程	计算结果
			$n=$____ $F=$____
			$n=$____ $F=$____
			$n=$____ $F=$____
			$n=$____ $F=$____
			$n=$____ $F=$____
			$n=$____ $F=$____

5. 根据表 4—2—2 举例和提供的公式，粗略估算该零件加工所需时间。

表 4—2—2　估算加工时间

举例：零件 1	数据	本学习任务零件	数据
进给量 f（mm/r）	0. 12	进给量 f（mm/r）	
转速 n（r/min）	1 500	转速 n（r/min）	
切削长度 L（mm）	100	切削长度 L（mm）	
切削时间（s）	33. 33	切削时间（s）	
换刀时间（s）	5	换刀时间（s）	
装夹时间（s）	25	装夹时间（s）	
总加工时间（s）	58. 33	总加工时间（s）	

注：其中切削时间 $=\frac{L}{nf}\times 60$

6. 完成加工工艺卡片（表 4—2—3）的填写。

表 4—2—3　数控加工工艺卡片

工步号	工步内容	刀具序号	刀具规格	主轴转速（r/min）	进给量（mm/min）	切削深度（mm）
1						
2						
3						
4						
5						
6						
7						
8						
9						
10						

学习活动3 编程与模拟加工

学习目标

- 能根据图样中孔的类型合理选择孔加工指令。
- 能按照程序格式要求编制孔类零件加工程序。
- 能够运用软件完成孔加工程序的校验及程序改进。

建议学时：8学时

学习过程

一、学习编程指令

查阅定心钻孔循环指令相关资料，写出该指令格式以及各代码的含义，绘制定心钻孔循环指令动作顺序图。

二、编制程序

1. 合理安排钻头钻孔的移动线路，有利于保证各孔间的位置精度并能提高工作效率，将你设计的刀具路径绘制于图 4—3—1 中。

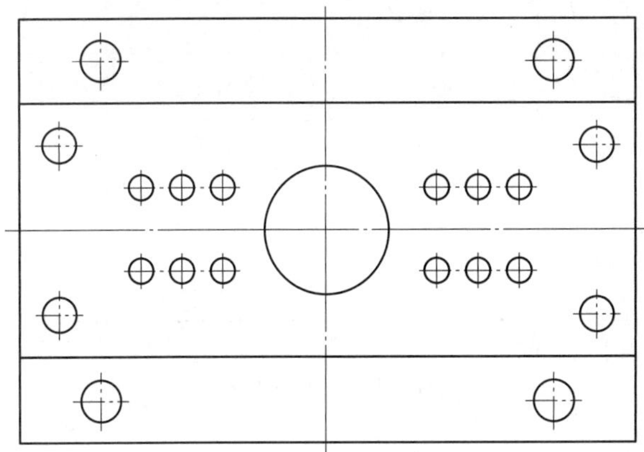

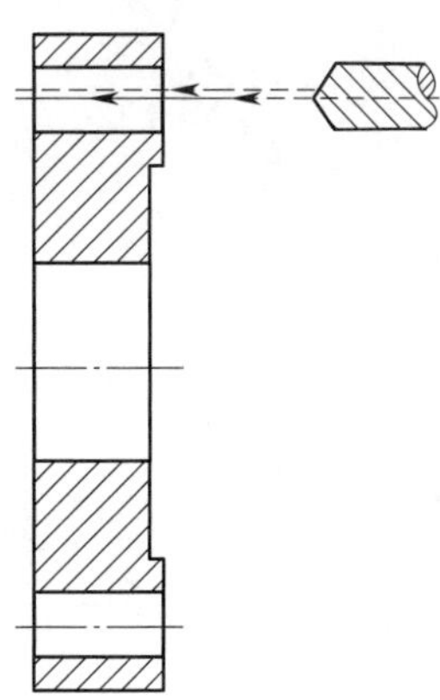

图 4—3—1　绘制刀具路径

2. 填写程序单（表 4—3—1 至表 4—3—4）：

表 4—3—1　　孔 4 × ϕ10H7 加工程序

程序段号	程序	程序段号	程序

表 4—3—2　　孔 4×ϕ8 加工程序

程序段号	程序	程序段号	程序

表 4—3—3　　孔 12×ϕ6 加工程序

程序段号	程序	程序段号	程序

表 4—3—4　　孔 $\phi30$ 加工程序

程序段号	程序	程序段号	程序

三、模拟加工零件

1. 按照以下步骤，进行多孔板模拟加工，记录每一步的操作过程。

(1) 设定毛坯大小，调整好装夹位置并安装毛坯。

(2) 设定即将使用的所有刀具，分别将参数输入到仿真软件铣床刀具库中。

（3）设定基准工具的大小，安装基准工具，调整好基准工具与毛坯的位置。

（4）从菜单中选择辅助视图，设定所要使用的塞尺厚度，利用塞尺和基准工具建立工件坐标系。

（5）建立工件坐标系完毕后，使用 MDI 功能进行刀具位置校验，观察其是否符合要求。

（6）输入程序并进行模拟试切加工。

2. 运行程序，完成多孔板零件的模拟加工，观察加工路径并记录不合理的问题。不合理的问题是什么原因导致的？下次如何避免？

（1）工艺方案：

（2）工件与刀具的设置：

（3）程序：

3．根据问题 2 的记录，完善多孔板零件的模拟加工（工艺方案、工件与刀具的设置和程序）。

四、模拟检验

1．使用仿真软件的测量功能检验零件尺寸，写明检验过程并回答问题。

（1）检验过程：

（2）若本零件 ϕ10H7 的孔加工后尺寸为 ϕ10.03 mm，该尺寸的精度质量有没有办法弥补？为什么？

（3）若本零件 ϕ30H8 的孔加工后尺寸为 ϕ29.97mm，该尺寸精度质量有没有办法弥补？为什么？

（4）若本零件的 150 mm 长度尺寸加工后为 150.7 mm，未注公差要求见零件图样，该尺寸精度质量有没有办法弥补？刀具半径补偿值应该在此基础上增加还是减小？为什么？

学习活动4　成果展示与总结评价

学习目标

- 能积极展示学习成果，在小组的讨论中总结和反思，提高学习效率。
- 能按仿真教室规定，整理现场，保持清洁的学习环境。

建议学时：2学时

学习过程

一、个人总结

1. 能否在规定时间内完成多孔板零件的模拟加工？如果不能，其原因是什么？

2. 通过本学习任务的模拟加工学到什么编程知识与加工技能？

（1）编程知识：

（2）加工技能：

二、小组总结与清扫

1. 通过零件截图、零件的加工录像等素材，以 PPT 的形式展示小组的工作成果（工艺与程序拟定的思路、加工重点与难点等），并将 PPT 的大纲记录下来。

2. 按照 6S 管理要求，检查工作场地，清理打扫，将在清理打扫过程中发现的问题记录下来。

三、综合评价

完成综合评价表 4—4—1。

表 4—4—1 综合评价表

班级__________学生姓名__________学 号__________

序号	项目	项目配分	子项	子项配分	表现结果	评分标准	得分	累计
1	纪律	25	迟到	5		违规不得分		
			溜号	5		违规不得分		
			早退	5		违规不得分		
			串岗	5		违规不得分		
			旷课	5		违规不得分		
2	仿真过程	30	程序规范正确	10		酌情扣分		
			仿真软件操作	5		熟练程度		
			回参考点	3		是否按要求		
			工件设置	2		方法是否掌握		
			对刀	5		方法是否掌握		
			程序输入	5		酌情扣分		
3	零件项目	40	100 mm	2		超差不得分		
			150 mm	2		超差不得分		
			2 mm	2		超差不得分		
			20 mm	2		超差不得分		
			60 mm	2		超差不得分		
			ϕ10H7（4 处） *Ra*1.6 μm	4		超差不得分		
			80 mm	1		超差不得分		
			110 mm	1		超差不得分		
			ϕ8 通孔（4 处）	3		超差不得分		
			40 mm	1		超差不得分		
			130 mm	1		超差不得分		
			ϕ6 通孔（12 处）	4		超差不得分		
			10 mm	1		超差不得分		
			20 mm	1		超差不得分		
			50 mm	1		超差不得分		
			ϕ30H8 通孔	4		超差不得分		
			100 mm	2		超差不得分		
			150 mm	2		超差不得分		
			*Ra*6.3 μm	4		超差不得分		
4	6S	5	按 6S 管理要求酌情扣分					
5	总分	100						

任课教师： 年 月 日

学习任务五　凸轮编程与模拟加工

学习目标

1. 能遵守机房各项管理规定，并规范使用计算机。
2. 能应用三角函数知识计算凸轮零件图样中的基点坐标。
3. 能正确编制凸轮零件加工工艺卡片，并绘制刀具路径图。
4. 能正确运用编程指令，按照程序格式要求编制加工程序。
5. 能熟练应用仿真软件各项功能，模拟数控铣床操作，完成凸轮零件模拟加工。
6. 能根据模拟仿真结果完善程序。
7. 能积极展示学习成果，通过小组讨论总结和反思学习活动，以提高学习效率。

建议学时

16 学时。

工作情景描述

某高校物理实验项目需要利用发动机中的凸轮零件实物来分析凸轮机构运动，因此其委托某学院数控中心加工。实习生必须在 2 天时间内，了解凸轮零件外形特点、分析图样、制定工艺、编制程序、使用模拟加工软件校验程序及完成模拟加工，以确定是否能加工出符合使用要求的凸轮零件。

零件图样（图 5—0—1）：

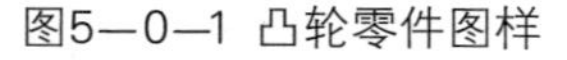

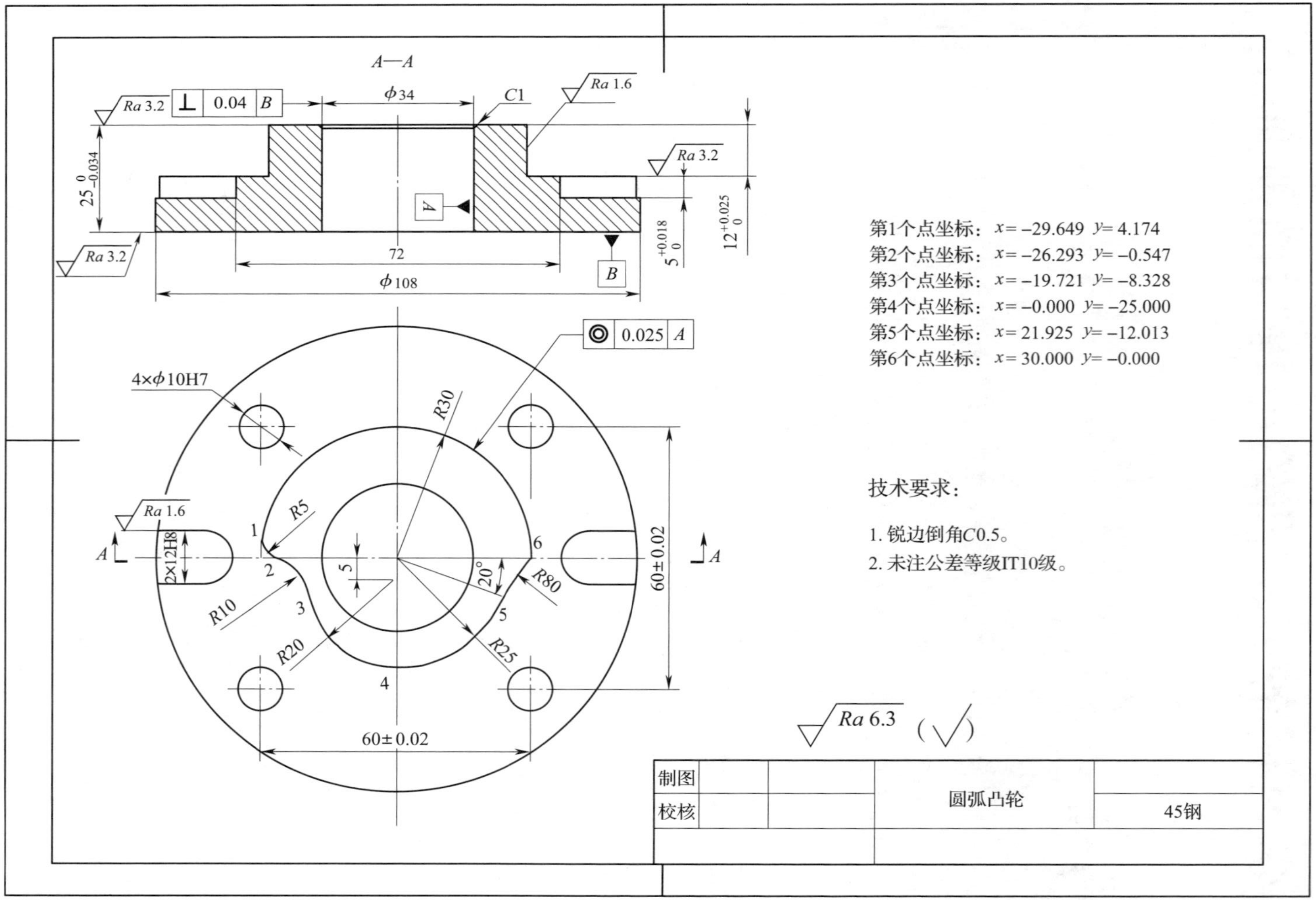
A—A
Ra 3.2
⊥ 0.04 B
ϕ34
C1
Ra 1.6
Ra 3.2
25 0 −0.034
A
5 +0.018 0
12 +0.025 0
Ra 3.2
72
B
ϕ108
◎ 0.025 A
4×ϕ10H7
R30
R5
Ra 1.6
2×12H8
1
2
3
4
5
6
R10
R20
R25
R80
20°
5
60±0.02
60±0.02
A
A
第1个点坐标：x=−29.649 y=4.174
第2个点坐标：x=−26.293 y=−0.547
第3个点坐标：x=−19.721 y=−8.328
第4个点坐标：x=−0.000 y=−25.000
第5个点坐标：x=21.925 y=−12.013
第6个点坐标：x=30.000 y=−0.000
技术要求：
1. 锐边倒角C0.5。
2. 未注公差等级IT10级。
Ra 6.3 (√)
制图
校核
圆弧凸轮
45钢

图5—0—1 凸轮零件图样

工作流程与活动

学习活动 1：分析图样（2 学时）

学习活动 2：工艺准备（4 学时）

学习活动 3：编程与模拟加工（8 学时）

学习活动 4：成果展示与总结评价（2 学时）

学习活动1　分 析 图 样

学习目标

- 能从图样中识读零件的外形、尺寸、技术要求。
- 能确定加工要素的样式、位置及精度等要求。
- 能够描述图样中的几何公差与标注基准之间的关系。

建议学时：2 学时

学习过程

一、接受任务

1. 听教师描述本次模拟加工任务，记录凸轮零件的应用领域与特征。

2. 描述本学习任务中凸轮轮廓的外形特征。利用学习任务一至四的夹具是否能够完成此零件的装夹?

二、识读图样

1. 观察图中的凸轮由几段圆弧组成、圆弧半径分别是多少，将其标注在图 5—1—1 的凸轮轮廓线上。

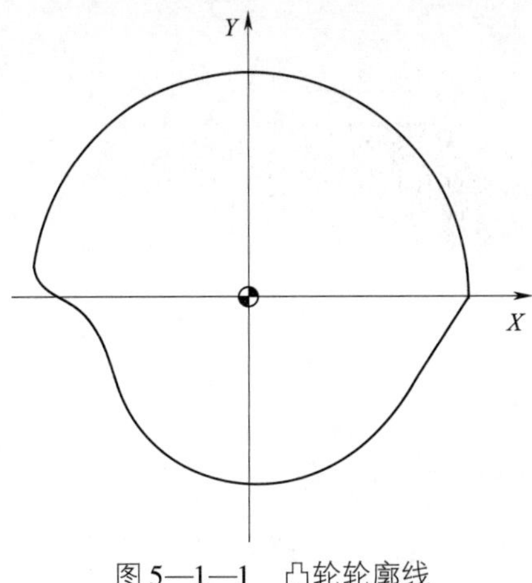

图 5—1—1　凸轮轮廓线

2. 本零件的加工部位有哪些？分别采用什么加工方法？

3. 本零件的关键尺寸有哪些？哪些零件表面有几何公差要求？几何公差有哪些？

4. 本零件图中要求的未注公差等级是多少？如图样未明确标注未注公差等级，如何进行查询确认？

三、计算基点坐标位置

1. 本零件的设计基准在哪里？为什么将零件的工件坐标系建立在零件的中心处？

2. 凸轮的各基点的坐标已经给出，在图 5—1—2 轮廓线上标出各坐标点的位置。

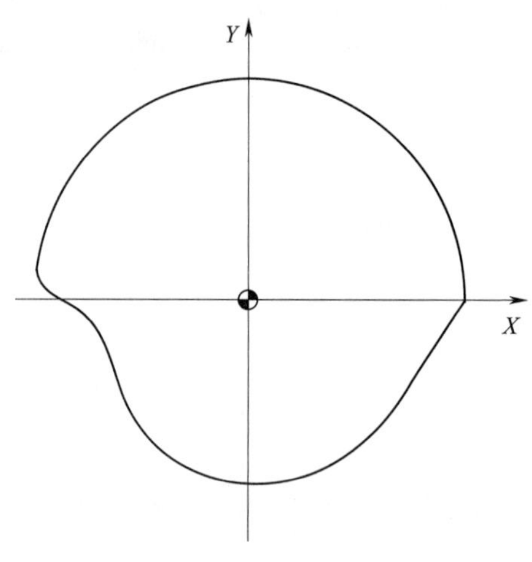

图 5—1—2 凸轮的基点

坐标点提示：

第 1 个点坐标：$x=-29.649$ $y=4.174$

第 2 个点坐标：$x=-26.293$ $y=-0.547$

第 3 个点坐标：$x=-19.721$ $y=-8.328$

第 4 个点坐标：$x=-0.000$ $y=-25.000$

第 5 个点坐标：$x=21.925$ $y=-12.013$

第 6 个点坐标：$x=30.000$ $y=-0.000$

学习活动2 工艺准备

学习目标

- 能确定加工步骤。
- 能选择加工刀具与刀具切削参数。
- 能分析如何保证加工精度。
- 能根据各小组展示的加工工艺过程，完善自己的加工工艺。

建议学时：4 学时

学习过程

一、选择夹具

本例选用什么类型的夹具最适合加工？为什么？

二、选择刀具

1. 在粗加工凸轮外轮廓时，选择什么类型与规格的刀具？

2. 精加工凸轮外轮廓时，刀具直径选择原则是什么？选择什么类型与规格的刀具？

3. 凸轮轮廓中最小的内凹槽半径 $R10$ mm，对加工该部位的刀具半径有无限制？为什么？

三、制定工艺方案

1. 什么叫顺铣？什么叫逆铣？本学习任务的凸轮分别采取顺铣、逆铣，对零件的轮廓外形、刀具、机床的精度会产生什么影响？

2. 精加工时，凸轮轮廓周边的切削余量有多少？需要几次切削？

3. 深度 12 mm 的尺寸精度如何保证？

4．如图 5—2—1 所示为每个工步加工后的示意图，但并非按加工先后顺序排列。按正确的加工顺序将各图序号填入表 5—2—1 数控加工工艺卡片的“加工简图”一栏中，并完成其他内容。

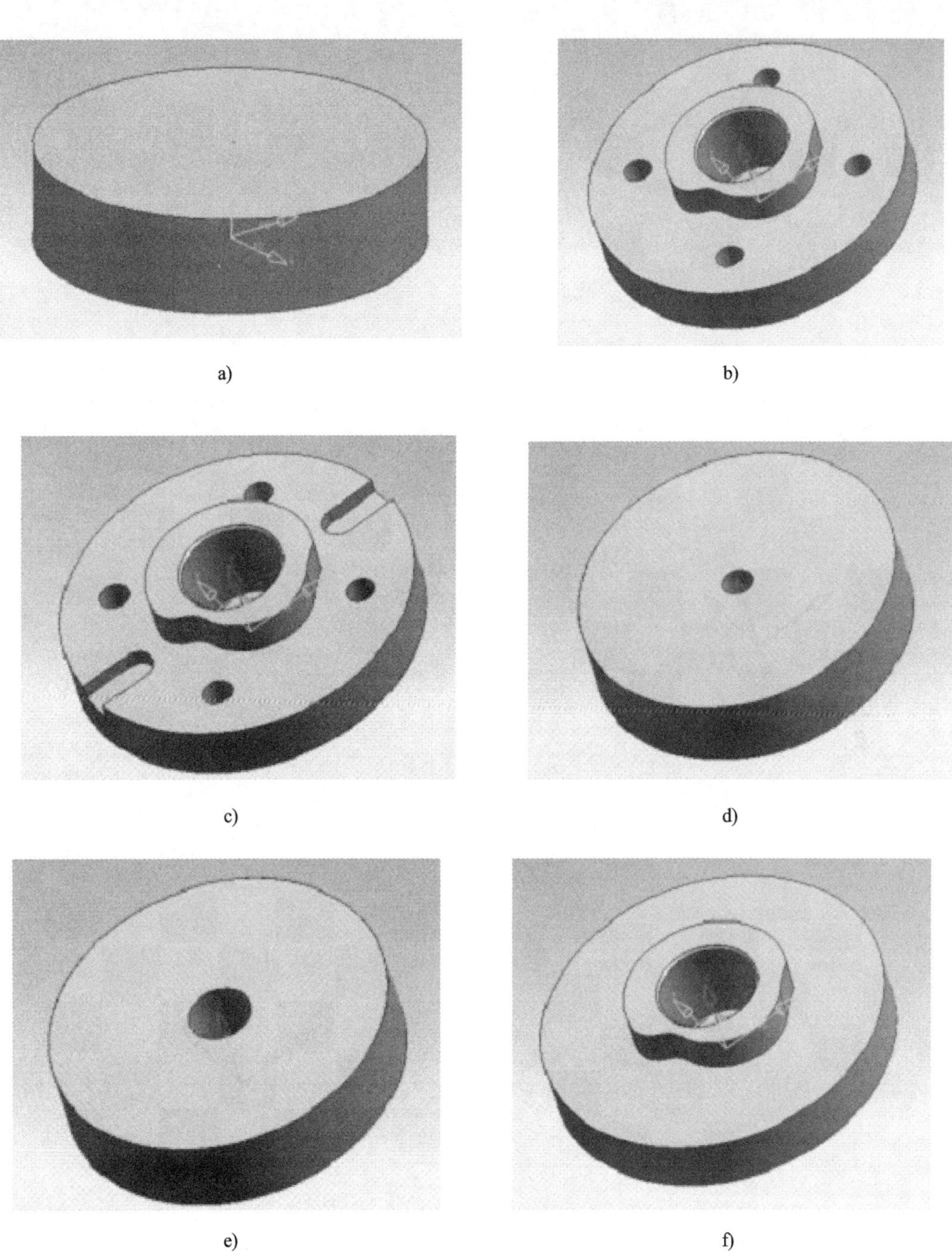

a)　b)　c)　d)　e)　f)

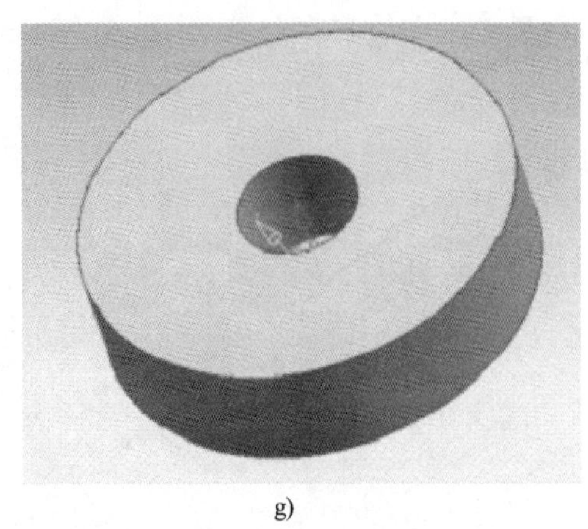
g)

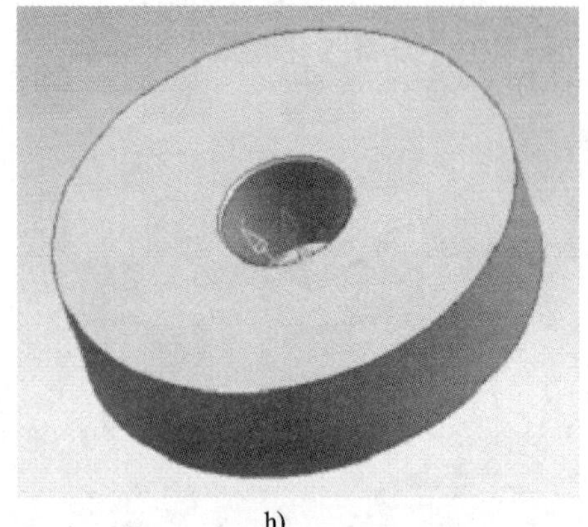
h)

图 5—2—1　加工示意图

表 5—2—1　数控加工工艺卡片

工步号	工步内容	刀具序号	刀具规格	主轴转速(r/min)	进给量(mm/min)	切削深度(mm)	加工简图
1							
2							
3							
4							
5							
6							
7							
8							

5．简单估算加工本零件工时，填写表 5—2—2。

表 5—2—2　　产品工时计算明细表

工步号	工步内容	每次走刀线路长度	刀具转速	进给量	切削深度	下刀次数	切削时间	装夹用时	合计	备注
签字			日期					总计时间		

学习活动3　编程与模拟加工

学习目标

- 能绘制刀具路径图。
- 能正确编制零件的加工程序，完成凸轮零件的模拟加工。
- 能熟练地用模拟加工软件完成较复杂的凸轮类零件的加工设置。
- 能根据仿真加工路径判断程序的正确性并作相应优化。
- 能利用仿真软件进行加工精度检查。

建议学时：8学时

学习过程

一、编制程序

1．刀具半径补偿的方向如何判断？铣削凸轮轮廓时，刀具半径补偿的方向与顺铣、逆铣有什么关系？

2. 用图形表述出刀具半径补偿指令运行时刀具的位置、动作，并绘制刀具路径图。

3. 选择刀具切入、切出方式的原则是什么？选择凸轮零件加工的切入方式，确定切入点、切出点，并写出切入点的坐标。

4. 编写各个轮廓的加工程序（表5—3—1至表5—3—4）。

表5—3—1　　外圆加工程序

程序段号	程序	程序段号	程序

表 5—3—2　　凸轮加工程序

程序段号	程序	程序段号	程序

表 5—3—3　　中心圆孔加工程序

程序段号	程序	程序段号	程序

表 5—3—4　　4 个小孔加工程序

程序段号	程序	程序段号	程序

二、模拟加工零件

1．根据本学习任务零件的外形特点，说说其与其他学习任务在建立工件坐标系的方法上有哪些不同。建立工件坐标系，记下工件坐标系界面中 G54 应设定的 X、Y、Z 数值，使用 MDI 功能校验工件坐标系位置是否正确。记录操作过程。

2．根据工艺卡片将刀具、毛坯安装到仿真机床上，把程序输入机床编辑程序界面，并点击循环启动进行模拟加工。如程序有错误，记录程序错误点，并写出修改内容及原因。

三、模拟检验

进入仿真测量界面，检验零件各部位外形尺寸是否合格。如有不合格的部位，问题出在哪？如何调整？

学习活动 4　成果展示与总结评价

学习目标

- 能积极展示学习成果，在小组的讨论中总结和反思，提高学习效率。
- 能按仿真教室规定，整理现场，保持清洁的学习环境。

建议学时：2 学时

学习过程

一、个人总结

1. 你是否在规定时间内完成凸轮的模拟加工？如果不能，其原因是什么？

2. 通过凸轮的模拟加工学到什么编程知识、加工技能与其他知识？

（1）编程知识：

（2）加工技能：

（3）其他知识：

3．你在凸轮模拟加工中存在什么不足？是什么原因导致的？下次如何避免？

二、小组总结与清扫

1．小组讨论总结零件在模拟加工中出现的问题与难点，商讨并写出解决方案。

2．通过零件截图、零件的加工录像等素材，以PPT的形式展示小组的工作成果（工艺与程序拟定的思路、加工重点与难点的解决方案等），并记录其他组的解决方案，与本组的相比较，指出哪一种方案更好。

3．按照6S管理的要求，检查工作场地，清理打扫，将在清理打扫过程中发现的问题记录下来。

三、综合评价

完成综合评价表 5—4—1。

表 5—4—1　　　　综合评价表

班级__________学生姓名__________学　号__________

序号	项目	项目配分	子项	子项配分	表现结果	评分标准	得分	累计
1	纪律	25	迟到	5		违规不得分		
			溜号	5		违规不得分		
			早退	5		违规不得分		
			串岗	5		违规不得分		
			旷课	5		违规不得分		
2	仿真过程	30	程序规范正确	10		酌情扣分		
			仿真软件操作	5		熟练程度		
			回参考点	3		是否按要求		
			工件设置	2		方法是否掌握		
			对刀	5		方法是否掌握		
			程序输入	5		酌情扣分		
3	零件项目	40	ϕ108 mm	2		超差不得分		
			$12^{+0.025}_{0}$ mm	3		超差不得分		
			$5^{+0.018}_{0}$ mm	3		超差不得分		
			$25^{0}_{-0.034}$ mm	3		超差不得分		
			72 mm	2		超差不得分		
			凸轮外轮廓	5		超差不得分		
			ϕ34 mm	3		超差不得分		
			60 ±0.02 mm	2		超差不得分		
			4 × ϕ10H7 mm	3		超差不得分		
			*C*1	2		超差不得分		
			2 × 12H8 mm	2		超差不得分		
			⊥ 0.04 *B*	4		超差不得分		
			◎ 0.025 *A*	4		超差不得分		
			锐边倒角 *C*0.5	2		超差不得分		
4	6S	5	按 6S 管理要求酌情扣分					
5	总分	100						

任课教师：　　　　　年　　月　　日